Almut Kiel

**Untersuchungen zum Abflußverhalten
und fluvialen Feststofftransport der Jökulsá Vestri
und Jökulsá Eystri, Zentral-Island
Ein Beitrag zur Hydrologie des Periglazialraumes**

GÖTTINGER GEOGRAPHISCHE ABHANDLUNGEN

Herausgegeben vom Vorstand des Geographischen Instituts
der Universität Göttingen
Schriftleitung: Karl-Heinz Pörtge

Heft 85

Almut Kiel

Untersuchungen zum Abflußverhalten und fluvialen Feststofftransport der Jökulsá Vestri und Jökulsá Eystri, Zentral-Island
Ein Beitrag zur Hydrologie des Periglazialraumes

Mit 53 Abbildungen und 20 Tabellen

1989

Verlag Erich Goltze GmbH & Co. KG, Göttingen

ISSN 0341-3780
ISBN 3-88452-085-7

Druck: Erich Goltze GmbH & Co. KG, Göttingen

Aber außer unzähliger Bäche,
Seen und großer Teiche
oder seichter Lagunen gibt es auf der Insel
zahlreiche Flüsse und Auen,
die zum Teil den Seen entspringen,
aber zum Teil tosend und reißend
den Gletschern selbst entströmen,
sie fließen durch enge Spalten
zwischen steil aufragenden Felswänden
mit einem so schäumenden Strömen und Dröhnen,
daß sogar die Felsen und die ganze Umgebung
zu beben scheint.

ODDUR EINARSSON, biskup.
Islandbeschreibung, etwa 1590

GLIEDERUNG

VORWORT 11

I.   EINLEITUNG 13

    1.   Die Fragestellung 13

    2.   Das Untersuchungsgebiet 15
    2.1. Lage und Abgrenzung der Einzugsgebiete
        von Jökulsá Eystri und Jökulsá Vestri 15
    2.2. Geologische und geomorphologische Grundzüge 17
    2.3. Pedologische und vegetationskundliche Grundzüge 24
    2.4. Klimatische Grundzüge 17
    2.5. Anthropogene Einflüsse 25

    3.   Das Datenmaterial 26

II.   UNTERSUCHUNGEN ZUM WASSERHAUSHALT 29

    1.   Die hydrographische Situation 29
    1.1. Das Gewässernetz der Jökulsá Eystri 29
    1.2. Das Gewässernetz der Jökulsá Vestri 32

    2.   Das Abflußverhalten der Jökulsá Eystri 32
    2.1. Der Abfluß im Jahresmittel 32
    2.2. Der Jahresgang des Abflusses 33

    3.   Das Abflußverhalten der Jökulsá Vestri 34
    3.1. Der Abfluß im Jahresmittel 34
    3.2. Der Jahresgang des Abflusses 34

    4.   Der Niederschlag 35
    4.1. Der Gebietsniederschlag 36
    4.2. Der Jahresgang des Gebietsniederschlages 37

    5.   Die Verdunstung 39

    6.   Die Speicherung 40

    7.   Die zeitliche Variabilität des Abflußganges 45
    7.1. Der Abflußgang im Maximumjahr 1984 45
    7.2. Der Abflußgang im Minimumjahr 1985 49

    8.   Zusammenfassende Betrachtung des Wasserhaushaltes 50

III. UNTERSUCHUNGEN ZUM SCHWEBFRACHTTRANSPORT 59

1. Die Schwebfracht der Jökulsá Vestri
   und ihr Jahresgang, 1974-1986 59

2. Die saisonale Differenzierung der Schwebfracht
   der Jökulsá Vestri 60
   2.1. Das winterliche Abflußregime 61
        Die frühwinterliche Regimephase 61
        Die hochwinterliche Regimephase 63
        Die spätwinterliche Regimephase 65
   2.2. Das nivale Abflußregime 67
        Die frühnivale Regimephase 67
        Die hochnivale Regimephase 70
        Die spätnivale Regimephase 72
        Die postnivale Regimephase 76
   2.3. Das glaziale Abflußregime 77
        Die frühglaziale Regimephase 78
        Die hochglaziale Regimephase 80
        Die spätglaziale Regimephase 85

3. Die saisonale Differenzierung der Schwebfracht
   der Jökulsá Vestri im hydrologischen Jahr 1981 86

4. Abfluß und Schwebfracht in den Flußgebieten der Jökulsá Vestri
   und der Jökulsá Eystri im Sommer 1986 89
   4.1. Untersuchungsmethoden und Instrumentierung 89
   4.2. Ergebnisse der meteorologischen Beobachtungen 93
   4.3. Ergebnisse der Abfluß- und Schwebfrachtmessungen
        in der Jökulsá Eystri und Jökulsá Vestri 94
   4.4. Die Schwebfracht verschiedener Nebenflüsse der
        Jökulsá Eystri und Jökulsá Vestri 98

5. Zusammenfassende Betrachtung des Schwebtransport 101

IV. SCHLUSSBETRACHTUNG: DIE WICHTIGSTEN UNTERSUCHUNGSERGEBNISSE 108

V. ZUSAMMENFASSUNG 111

VI. SUMMARY 113

VII. LITERATURVERZEICHNIS 115

VIII. KARTENVERZEICHNIS 121

IX. ANHANG 122

ABBILDUNGSVERZEICHNIS

Abb. 1: Übersichtskarte des Untersuchungsgebietes. 15
Abb. 2: Querprofile durch das Untersuchungsgebiet. 17
Abb. 3: Geologie des Untersuchungsgebietes. 19
Abb. 4: Böden im Untersuchungsgebiet. 22
Abb. 5: Lufttemperaturen im Untersuchungsgebiet im Januar (A) und im Juli (B). Mittelwerte der Jahre 1931 -1960; (nach LIEBRICHT 1983). 25
Abb. 6: Längsprofile der Jökulsá Eystri , Jökulsá Vestri und Hofsá. 30
Abb. 7: Die hypsometrischen Kurven der Einzugsgebiete. 37
Abb. 8: Der Gang von Abfluß (vhm 144 und 145), Temperatur, Schneedeckenhöhe und Niederschlag (Hveravellir) im Jahr 1984 (= maximale Jahresabflußsumme). 46
Abb. 9: Der Gang von Abfluß (vhm 144 und 145), Temperatur, Schneedeckenhöhe und Niederschlag (Hveravellir) im Jahr 1985 (= minimale Jahresabflußsumme). 47
Abb.10: Der jährliche Wasserumsatz in den Einzugsgebieten von Jökulsá Eystri (a) und Jökulsá Vestri (b). 51
Abb.11: Die jährlichen Abflußsummen von Jökulsá Eystri und Jökulsá Vestri und die jährlichen Niederschlags- und Wärmesummen von Hveravellir 52
Abb.12: Der jährliche Abflußgang von Jökulsá Eystri und Jökulsá Vestri sowie derJahresgang von Temperatur und Niederschlag in Hveravellir. (Mittelwerte 1972- 1986). 53
Abb.13: Die mittleren Abflußganglinien der Jökulsá Eystri und Jökulsá Vestri mit Standardbereich. (Mittelwerte 1972-1986).. 56
Abb.14: Abflußmengendauerlinien von Jökulsá Eystri und Jökulsá Vestri für die Extremjahre 1984 und 1985 sowie die mittleren Abflußmengendauerlinien der Jahre 1972-1985 57
Abb.15: Die Abflußsituation in der Jökulsá Vestri sowie Temperatur und Niederschlag in Hveravellir am 25.10.1979. 62
Abb.16: Die Abflußsituation der Jökulsá Vestri sowie Temperatur und Niederschlag in Hveravellir am 27.2.1980. 63
Abb.17: Die Abflußsituation der Jökulsá Vestri sowie Temperatur und Niederschlag in Hveravellir am 24.2.1979. 65
Abb.18: Die Abflußsituation der Jökulsá Vestri sowie Temperatur und Niederschlag in Hveravellir am 6.4.1980. 66
Abb.19: Die Abflußsituation der Jökulsá Vestri sowie Temperatur und Niederschlag in Hveravellir am 27.4.1983. 67
Abb.20: Die Abflußsituation der Jökulsá Vestri sowie Temperatur und Niederschlag in Hveravellir am 28.5.1986. 68
Abb.21: Die Abflußsituation der Jökulsá Vestri sowie Temperatur und Niederschlag in Hveravellir am 28.4.1979. 69
Abb.22: Die Abflußsituation der Jökulsá Vestri sowie Temperatur und Niederschlag in Hveravellir am 9.5.1978. 71
Abb.23: Die Abflußsituation der Jökulsá Vestri sowie Temperatur und Niederschlag in Hveravellir am 8.6.1983. 73
Abb.24: Die Abflußsituation der Jökulsá Vestri sowie Temperatur und Niederschlag in Hveravellir am 6.6.1979. 74
Abb.25: Die Abflußsituation der Jökulsá Vestri sowie Temperatur und Niederschlag in Hveravellir am 2.6. und 11.6.1982.. 75
Abb.26: Die Abflußsituation der Jökulsá Vestri sowie Temperatur und Niederschlag in Hveravellir am 29.6.1979. 76

Abb.27: Die Abflußsituation der Jökulsá Vestri sowie Temperatur und Niederschlag in Hveravellir am 27.6.1980. 78
Abb.28: Die Abflußsituation der Jökulsá Vestri sowie Temperatur und Niederschlag in Hveravellir am 11.7.1975. 79
Abb.29: Die Abflußsituation der Jökulsá Vestri sowie Temperatur und Niederschlag in Hveravellir am 15.8. bis 26.8.1974. 80
Abb.30: Die Abflußsituation der Jökulsá Vestri sowie Temperatur und Niederschlag in Hveravellir am 20.8.1978. 82
Abb.31: Die Abflußsituation der Jökulsá Vestri sowie Temperatur und Niederschlag in Hveravellir am 10.8.1983. 84
Abb.32: Die Abflußsituation der Jökulsá Vestri sowie Temperatur und Niederschlag in Hveravellir am 30.8. bis 15.9.1975. 85
Abb.33: Tagesmittelwerte von Niederschlag, rel. Luftfeuchte, Wind-geschwindigkeit und Lufttemperatur der Station Orravatnsrústir sowie des Abflusses der Jökulsá Eystri (vhm 144) und der Jökulsá Vestri (vhm 145) im Zeitraum 1.7. bis 2.8.1986. 90
Abb.34: Der Gang von Niederschlag, rel. Luftfeuchte Windgeschwindigkeit und Lufttemperatur an der Station Orravatnsrústir sowie der Abflußgang von Jökulsá Eystri (vhm 144) und Jökulsá Vestri (vhm 145) im Zeitraum 3.7. bis 3.8.1986. ... 91
Abb.35: Windrichtungen an der Station Orravatnsrustir im Zeitraum vom 2.7. bis 2.8.1986. (%-Anteile). 94
Abb.36: Der Abflußgang und die Schwebstoffkonzentration von Jökulsá Eystri und Jökulsá Vestri vom 23.6. bis 3.8.1986. 96
Abb.37: Der Tagesgang von Abfluß und Schwebtransport Jökulsá Eystri und Jökulsá Vestri am 27.7.1986. 98
Abb.38: Abfluß, Schwebfrachtkonzentration und Korngößenkomposition der Jökulsá Vestri in saisonaler Differenzierung. Mittelwerte der Jahre 1974-1986. ... 103
Abb.39: Verhältnis von Abfluß und Schwebkonzentration der Jökulsá Vestri: a) im gesamten hydrologischen Jahr, b) im winterlichen Abflußregime, c) im nivalen Abflußregime, d) im glazialen Abflußregime.
Ergebnisse der Messungen im Zeitraum 1974 bis 1986. 106

VERZEICHNIS DER ABBILDUNGEN IM ANHANG

Abb.40: Jökulsá Vestri an der Straßenbrücke bei Goddalir. 122
Abb 41: Jökulsá Eystri im Austurdalur. 122
Abb.42: Jökulsá Vestri im Vesturdalur. 123
Abb.43: Erosionsbahnen an den Flanken des Vesturdalur. 123
Abb.44: Fossá. 124
Abb.45: Blick über die wüstenhafte Moränenhochebene des Hofsáfrétt nach Nordosten. ... 124
Abb.46: Blick von der Station Orravatnsrústir in Richtung Nordnordosten. 125
Abb.47: Meteorologische Station am Orravatnsrústir. 125
Abb.48: Filteranlage aus Metallkörben mit Filterpapiereinlage. 126
Abb.49: Kopf des Handschöpfgerätes mit aufgesetzter 6 mm Düse und -l Glasflasche. ... 126
Abb.50: Anastomosierender Wasserlauf der Fossá bei hohem Wasserstand. 127
Abb.51: Austurkvísl an der Probenahmestelle JV-XI bei hohem Wasserstand. 127
Abb.52: Periglaziales Sohlental von ca. 3-5 m Tiefe im Flußgebiet der Jökulsá Eystri. 128
Abb.53: Jökulsá Eystri bei Austurburgur. 128

TABELLENVERZEICHNIS

Tab. 1: Verzeichnis der Klimastationen im weiteren Untersuchungsgebiet. 25
Tab. 2: Die Nebenflüsse im Untersuchungsgebiet. 31
Tab. 3: Der Jahresgang des Abflusses der Jökulsá Eystri. Mittelwerte der Haushaltsjahre 1972-1986 mit Standardabweichung. (Angaben in mm). 33
Tab. 4: Der Jahresgang des Abflusses der Jökulsá Vestri. Mittelwerte der Haushaltsjahre 1972-1986 mit Standardabweichung. (Angaben in mm). 35
Tab. 5: Der Jahresgang des Gebietsniederschlages in den Flußgebieten der Jökulsá Eystri und Jökulsá Vestri. Mittelwerte der Haushaltsjahre 1972-1986. (Angaben in mm). . 38
Tab. 6: Monatsmittelwerte der Potentiellen Verdunstung in Hveravellir, 1964-1967. (Angaben in mm). 39
Tab. 7: Monatsmittelwerte der Aktuellen Verdunstung in Hveravellir. (Angaben in mm). . 39
Tab. 8: Mittelwerte der Lufttemperatur für 1972-1986, mit Standardabweichungen. (Angaben in C). 40
Tab. 9: Mittelwerte der Wärmesummen für 1972-1986, mit Standardabweichungen. (Angaben in C). 41
Tab.10: Mittlerer Jahresgang des nivometrischen Koeffizienten in Hveravellir in den Jahren 1972-1986. (Angaben in %-Anteil der Tage mit Schneefall an der Zahl der Niederschlagstage). 42
Tab.11: Monatsmittelwerte und Standardabweichungen der Schneebedeckung der Jahre 1972-1986. (Angaben in %). 42
Tab.12: Der Jahresgang der mittleren Schneedeckenhöhe der Station Hveravellir und seine Standardabweichungen, Mittelwerte 1972-1986 (Angaben in cm). 43
Tab.13: Der Jahresgang des Ablationswassers (Z) aus dem Eis des Hofsjökull. (Angaben in mm). 44
Tab.14: Die Wasserhaushaltsbilanz von Jökulsá Eystri und Jökulsá Vestri, Monatsmittelwerte der Jahre 1972 bis 1986. (Angaben in mm). 54
Tab.15: Die mittlere Konzentration der Korngrößen und ihre Standardabweichung; Mittelwerte 1974-1986. (Angaben in mg/l und %-Anteilen der Fraktionen an der Gesamtfracht). 59
Tab.16: Die Mittelwerte des Abflusses, der Schwebstoffkonzentration und der Korngrößenkomposition in der Jökulsá Vestri für den Zeitraum 1974-1986. (Angaben in m3/s und mg/l). 60
Tab.17: Ergebnisse der Schwebstoffmessungen der Hofsá (H-III) und der Jökulsá Vestri (JV-IV). 99
Tab.18: Ergebnisse der Schwebstoffmessungen in der Fossá (F-X) und in der Austurkvísl (JV-XI). 100
Tab.19: Ergebnisse der Schwebstoffmessungen in der Jökulsá Eystri bei Austurburgur (JE-VI). 101
Tab.20: Die saisonale Differenzierung des fluvialen Materialtransports der Jökulsá Vestri, Mittelwerte der Proben aus den Jahren 1974 bis 1986. 102

VORWORT

Die vorliegende Arbeit setzt eine Reihe von quantitativ-hydrologischen Untersuchungen fort, die unter der Federführung von Herrn Prof. Dr. E. Schunke seit Anfang der 80-er Jahre durchgeführt wurden, um die Rolle fluvialer Prozesse für die Morphodynamik im Periglazialraum zu beleuchten. Die Arbeit entstand am Geographischen Institut der Universität Göttingen im Rahmen eines Promotionsstipendiums nach dem Niedersächsischen Graduiertenförderungsgesetz unter der Anleitung von Herrn Prof. Dr. E. Schunke, dem ich für die interessante Fragestellung und den großzügigen Freiraum bei der Bearbeitung des Themas danke.

Die Untersuchung basiert zu einem wesentlichen Teil auf einer statistisch-quantitativen Auswertung von langfristigen Abfluß- und Schwebfrachtmessungen der Hydrologischen Abteilung der Isländischen Energiebehörde ORKUSTOFNUN (Direktor: Haukur Tómasson) und auf einer Analyse langfristiger meteorologischer Messungen des Isländischen Wetteramtes VEDURSTOFA (Direktor: Hlynur Sigtryggsson). Beide Institutionen boten bei der Vorbereitung und Durchführung der Arbeit wertvolle Unterstützung, wobei ich insbesondere in Frau Ada Bára Sigfúsdóttir (Vedurstofa) und Herrn Kristín Einarsson (Orkustofnun) ständige Ansprechpartner fand, unter deren Anleitung die Datenbasis für diese Arbeit zusammengestellt wurde und die mir wertvolle Hinweise für die Geländearbeiten im isländischen Hochland gaben.

Die von der isländischen Energiebehörde und dem isländischen Wetteramt erhobenen Abfluß-, Schwebfracht- und Klimamessungen werden durch ein eigenes, im Sommer 1986 im Untersuchungsgebiet durchgeführtes Meßprogramm ergänzt und gestützt. Der Forschungsaufenthalt im zentral-isländischen Hochland im Sommer 1986 wurde mit Genehmigung des Isländischen Forschungsrates durchgeführt und durch den Deutschen Akademischen Austauschdienst unterstützt, wobei ich namentlich Herrn Eschbach danken möchte, der durch schnelle und unkonventionelle Anpassung der Förderungsmodalitäten an isländische Erfordernisse den Aufenthalt ermöglichte.

Meine Aufenthalte in Island in den Jahren 1985 und 1986 wurden von Herrn Direktor Gísli Sigurbjörnsson großzügig unterstützt. Ihm danke ich ebenso wie Herrn Dr. Einar Siggeirsson und Frau Krístine Friedrichsdóttir, die mit ihrer freundschaftlichen Hilfe und ihren Bemühungen sehr zum Zustandekommen dieser Arbeit beigetragen haben.

Die Auswertung des Daten- und Beobachtungsmaterials wurde im Winter 1985 begonnen und im Frühjahr 1988 abgeschlossen.

Der größte Teil der statistischen Berechnungen in dieser Arbeit erfolgte auf der Rechenanlage der Gesellschaft für wissenschaftliche Datenverarbeitung in Göttingen. Bei der EDV-gestützten Datenauswertung war ich auf die Mithilfe von Herrn Dipl. Geogr. B. Cyffka angewiesen, der hierfür mehrere Computerprogramme erstellte und dem ich an dieser Stelle für seine Unterstützung und ständige Gesprächsbereitschaft danken möchte.

Die Aufbereitung und Analyse der Wasser- und Bodenproben erfolgte im Physiogeographischen Labor des Geographischen Instituts der Universität Göttingen, insbesondere unter der Mitarbeit von Frau E. Niemann.

Die technische Ausführung der kartographischen Arbeiten lag maßgeblich in den Händen von Frau S. Rehling und Herrn C. Etzler, bei denen ich mich besonders für ihre Mitarbeit bedanken möchte; ebenso bei den übrigen Mitarbeitern der kartographischen Abteilung des Geogr. Instituts Göttingen sowie den Kartographen A. und M. Hermes, Göttingen.

Darüberhinaus möchte ich Herrn Dr. K.-H. Pörtge herzlich danken, der nicht nur maßgeblich an der Initiierung dieser Arbeit beteiligt war und durch die stets fördernde Diskussionsbereitschaft wertvolle Anleitung in allen Fragen gewährte, sondern der auch den Forschungsaufenthalt im Untersuchungsgebiet im Sommer 1986 begleitete.

Ich widme diese Arbeit mit ganz besonderer Dankbarkeit meinem Mann Dr. H. Willenbockel und meinem Vater.

Almut Kiel

I. EINLEITUNG

1. Die Fragestellung

Bei der Erforschung der hydrologischen Verhältnisse des arktischen Periglazialraumes verdient das periglaziale Hochland Islands besondere Beachtung. Schon seit dem Mittelalter ist die Bodenerosion eines der gravierendsten geoökologischen und ökonomischen Probleme Islands. Anhand datierter Tephralagen in erhaltenen Böden läßt sich der Nachweis führen, daß der Erosionsprozeß auf der Insel mit der Einführung grasender Tiere, in erster Linie Schafe, durch die nordischen Siedler im 9. Jh. n. Chr. einsetzte. Die damals noch weitgehend intakte Vegetationsbedeckung des Hochlandes wurde durch anthropogene Einflüsse stark geschädigt und die empfindliche Bodenoberfläche der Zerstörung durch Wind und Wasser ausgesetzt. Von den erosiven Vorgängen im zentral-isländischen Hochland profitierten die peripheren Randbereiche, wo auf alluvialen Böden verhältnismäßig gute, kultivierbare Ländereien entstanden.

Da nivale und glaziale Abflüsse, vor allem wenn sie, durch Niederschläge verstärkt, zu katastrophalen Flutwellen anwachsen, auch heute noch eine Gefährdung für Mensch und Tier darstellen (vgl. RIST 1983), ist eine genaue Kenntnis des Abflußverhaltens der Flüsse für die Inselbewohner von existenzieller Bedeutung. Die Hochwasserprognose hat darüber hinaus in Island auch aufgrund der in den letzten Jahrzehnten forciert vorangetriebenen Wasserkraftprojekte und Stauanlagen an Planungsrelevanz gewonnen.

Angesichts der aktiven Vulkane, Gletscher und Flüsse in ihrer unmittelbaren Nachbarschaft entwickelten die Isländer schon früh ein Bewußtsein für die Bedeutung dieser Naturgewalten und der von ihnen ausgehenden Bedrohung ihres Lebensraumes. Dementsprechend früh gehörten Beobachtungen der Abflüsse und der Schlammführung von Gletscherflüssen zum Repertoire isländischer Wissenschaftler: Bereits Ende des 18. Jahrhunderts schrieb Dr. S. PAULSSON (1792) einen bemerkenswerten Artikel über Flüsse, die von glazialen Schmelzwässern gespeist wurden. Im Sommer 1881 führte der norwegische Geologe Prof. A. Helland während seiner Reise um den Vatnajökull erste Messungen zum "Gletscherabfluß und Schlammtransport" durch, deren Ergebnisse mit " 20 Mrd. m^3 jährlichem Abfluß und 15 Mio. Tonnen von Schlamm" angegeben wurden (vgl. HELLAND 1882). Erstmals 1894 wurde die Wasserführung eines isländischen Flusses, die der Elliðaár bei Reykjavík, regelmäßig gemessen; acht Jahre später entstand dort das erste isländische Wasserkraftwerk mit zunächst nur wenigen kW Leistung (vgl. RIST 1956).

Nach dem 1. Weltkrieg wurde mit der systematischen Instrumentierung vieler Flüsse Islands begonnen, 1956 waren bereits 60 Pegelanlagen in Betrieb, heute sind es über 200 Meßstellen. Mit der Nutzung der Wasserkraft gewann die Kontrolle des Stoffeintrages und der Verlandung der Stauräume an praktischer Bedeutung, so daß seit Mitte der 40-er Jahre auch regelmäßig die Schwebstoffführung isländischer Flüsse gemessen wird. Somit stehen insgesamt für die Flußsysteme Islands, deren Einzugsgebiete überwiegend ein arktisch-periglaziales Milieu aufweisen, umfangreiche und langfristige Daten über den Abfluß und die Schwebstoffführung zur Verfügung (vgl. TóMASSON 1976; RICHTER 1981, 1982; RICHTER & SCHUNKE 1981; SCHUNKE 1981, 1985a).

Während also in Island schon früh Abfluß- und Sedimentfrachtmessungen durchgeführt wurden, haben entsprechende Studien in anderen Regionen der arktischen und subarktischen Periglazialzonen erst eine relativ kurze Geschichte. Sie begann, als die zunehmende Vertrautheit mit den geomorphologischen Verhältnissen die Einsicht mit sich brachte, daß die Rolle der fluvialen Prozesse für die Formung der periglazialen Landschaft weitaus bedeutender ist, als vordem angenommen wurde. Die Erkenntnis, daß auch im Polargebiet das fließende Wasser das maßgebliche Transportmedium für den Abtransport und die Wiederablagerung von Verwitterungsmaterial ist, regte zu einer Reihe von hydrologischen Arbeiten in verschiedenen Polarregionen an, die in einigen Fällen rein qualitativer Natur waren (u.a. ROBITAILLE 1960; RUDBERG 1963; CZEPPE 1965; PISSART 1967), sich nicht selten aber auch um quantitative Ergebnisse bemühten (u.a. WALKER & ARNBORG 1966; ARNBORG et al. 1966, 1967; COOK 1967; SLAUGTHER 1971; CHURCH 1974; McCANN et al. 1971).

Während noch Ende der 60-er Jahre in den geomorphologischen Standardwerken von BIRD (1967), EMBLETON & KING (1968), TRICART (1969) und PEWÉ (1969) u.a. die periglazialen Fließgewässer auf nur wenigen Seiten abgehandelt wurden, sind heute die arktische und subarktische Periglazialzone aus klimatisch-geomorphologischer Sicht als Formungszonen mit vorherrschender fluvialer Prägung erkannt (HAGEDORN & POSER 1974). Unter dem Eindruck der neueren Forschungsergebnisse weisen FRENCH (1976) und WASHBURN (1979) daraufhin, daß das fließende Wasser in periglazialen Regionen im Vergleich mit anderen geomorphologischen Agentien die größeren Denudations- und Transportaktivitäten entfaltet.

Allerdings führen die Untersuchungen damals wie heute zu kontroversen Diskussionen über die vorherrschende Wirkung der fluvialen Formung. Hierbei werden insbesondere sowohl die Rolle des Permafrostbodens als auch die Bedeutung der nivalen Frühjahrshochwässer und einzelner pluvialer Ereignisse für die fluviale Erosion z.T. sehr unterschiedlich bewertet (vgl. DINGMAN 1971; McCANN et al. 1971; FORD 1973; CHURCH 1974; OUTHET 1974; WALKER 1975; MILES 1976; WOO 1976; SCOTT 1978; HAUGEN 1982; CACHO 1983; DRAGE et al. 1983; LEWKOWIZC 1983; SLAUGTHER 1983; ONESTI & WALTI 1983; SCHUNKE 1987 u.a.). Einen zusammenfassenden Überblick über die hydrologischen Forschungsarbeiten in Alaska geben FORD & BEDFORD (1987). Die in diesem Zusammenhang um die von BÜDEL (1969) postulierte Vorstellung von der "polaren exzessiven Talbildungszone" geführte Diskussion beschränkt sich in erster Linie auf die deutschsprachige Forschung (vgl. BIBUS et al. 1976; SEMMEL 1976; BARSCH 1981; STÄBLEIN 1983 a, 1983 b; SCHUNKE 1985 b).

Bis auf wenige Ausnahmen (WOO 1976; ONESTI & WALTI 1983) gründen sich die oben genannten hydrologischen Arbeiten auf kurze, z.T. nur einzelne Abschnitte der Abflußsaison umfassende Untersuchungen, die in den meisten Fällen Einzugsgebiete mit kontinuierlichem Permafrost betreffen. Für die arktische Periglazialzone mangelt es also an hydrologischen Untersuchungen, die sich auf einer ausreichend langfristigen quantitativen Basis inbesondere der Frage nach dem Ablauf und der fluvialen Transportleistung der Abflüsse verschiedener Regime und pluvial induzierter Abflüsse widmen.

Auf Meßreihen von nunmehr 4- bis 9-jähriger Laufzeit können zwar hydrologische Untersuchungen in Süd- und West-Grönland zurückgreifen, die Ende der 70-er Jahre zum Zwecke der Begutachtung des hydroenergetischen Potentials initiiert wurden. Jedoch ist für die dort untersuchten 19 glazialen Einzugsgebiete eine Abflußquantifizierung und Wasserhaushaltsbilanzierung nur unter Vorbehalten möglich, da hinsichtlich der Definition der sub- und supraglazialen Einzugsgebietsgrenzen große Unsicherheiten bestehen (vgl. OLESEN 1978; GTO 1986; THOMSEN & BRAITHWAITE 1987; BRAITHWAITE & OLESEN 1988).

Somit nehmen im Vergleich zu dem relativ kurzfristigen Datenmaterial, das den meisten der genannten Untersuchungen im arktischen und subarktischen Periglazialraum zugrunde liegt, die vieljährigen kontinuierlichen Messungen von Abfluß und Sedimenttransport periglazialer Flüsse Islands eine besondere Stellung im Feld der quantitativen Beurteilungsmöglichkeiten periglazialer Hydrodynamik und fluvialer Abtragsleistung ein: Sie bieten eine gute Grundlage für deren relativ sichere Einschätzung - frei von Zufallsereignissen - , wie sie kurzfristigen Untersuchungen häufig innewohnen.

Vor diesem Hintergrund ist es allgemeine Zielsetzung dieser Arbeit, am Beispiel ausgewählter Flußgebiete des isländischen Hochlandes einen Beitrag zur Kenntnis des Abflußverhaltens und der damit verbundenen geknüpften Sedimentführung im arktisch-periglazialen Milieu zu leisten. Hierbei gilt die Fragestellung im einzelnen 1. der Erfassung des Abflusses und seiner Variabilität, 2. der Bilanzierung des Wasserhaushaltes, 3. der Ermittlung des Schwebfrachttransportes von periglazialen Fließgewässern und 4. der Analyse der Bedeutung von besonderen pluvialen Ereignissen für das Abflußverhalten und die Sedimentführung. Als Untersuchungsgebiet hierfür wurden die Flußgebiete der Jökulsá Vestri und der Jökulsá Eystri im zentral-isländischen Hochland ausgewählt, die aufgrund ihrer Lage im direkten Umfeld der großen Inlandeiskappe des Hofsjökull als "arktisch-periglazial" in des Begriffes wörtlicher Bedeutung aufzufassen sind und für die langfristige Meßdaten über Abflußverhalten und Schwebfrachtkonzentrationen zur Verfügung stehen. Abgesehen von einem kurzen Aufenthalt im Sommer 1985 erstreckten sich die eigenen Feldarbeiten in diesen Flußgebieten hauptsächlich auf den Sommer des Jahres 1986.

2. Das Untersuchungsgebiet

2.1. Lage und Abgrenzung der Einzugsgebiete von Jökulsá Eystri und Jökulsá Vestri

Vom nördlichen und nordöstlichen Rand der Eiskappe des Hofsjökull fließen die Jökulsá Eystri (isl.: "Östlicher Gletscherfluß") und die Jökulsá Vestri (isl.: "Westlicher Gletscherfluß") nach Norden. Westlich des Gehöftes Kelduland vereinigen sie sich zu den Héradsvötn, die in den Skagafjördur münden (vgl. Abb. 1 u. 2).

Das Einzugsgebiet der Jökulsá Eystri bis zum Pegel vhm 144 bei Skatastadir (217 m ü.M.) hat eine Größe von 1142 km^2, wovon 157 km^2 (13,7%) vergletschert sind.

Das Einzugsgebiet der Jökulsá Vestri umfaßt bis zum Pegel vhm 145 bei Goddalur (181 m ü.M.) 766 km^2, von denen 59 km^2 (7,7%) vom Eis des Hofsjökull eingenommen werden.

Der südlichste Punkt beider Einzugsgebiete liegt bei 64°50' n.Br. auf dem Gletschergipfel. Der nördlichste Punkt des Einzugsgebietes der Jökulsá Vestri liegt bei 65°20' n.Br., der der Jökulsá Eystri bei 65°18' n.Br. Der westlichste Punkt des Flußgebietes der Jökulsá Vestri läßt sich mit 19°6' w.L., sein östlichster mit 18°30' w.L. festlegen. Die Jökulsá Eystri hat ihren westlichsten Grenzpunkt bei 18°57' w.L., ihren östlichsten bei 18°8' w.L.

Vom höchsten Punkt der Einzugsgebiete, dem 1800 m hohen Gipfel des Hofsjökull, fällt die westliche supraglaziale Einzugsgebietsgrenze der Jökulsá Vestri in einem leichten Bogen nach Nordwesten bis zum Gletscherrand auf 800 m ü.M. ab. Entlang tektonischer Leitlinien senkt sie sich im nördlichen Gletschervorland relativ gradlinig nach Norden auf 700 m ü.M. Südwestlich der Vegetationsoase Skiptabakki steigt die Einzugsgebietsgrenze auf 745 m ü.M. an und verläuft weiter in Süd-Nord-Richtung über die Bergrücken Fremri-Hraunkúla (757 m), Ytri-Hraunkúla (699 m), Haedir (620 m) und Goddalakista (520 m). Ins Vesturdalur führt sie dann steil auf 180 m ü.M. hinab.

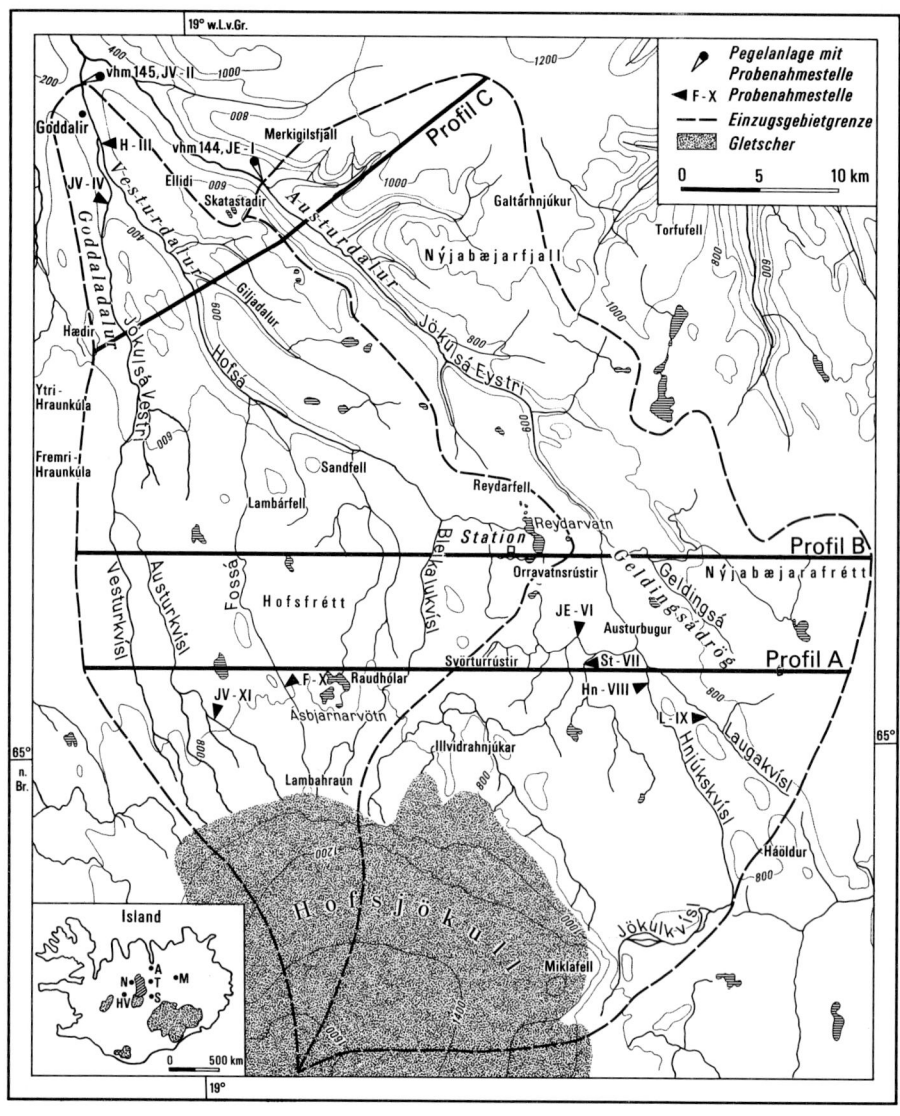

Abb. 1
Übersichtskarte des Untersuchungsgebietes

Die oben beschriebene Wasserscheide trennt das Einzugsgebiet der Jökulsá Vestri vom benachbarten der Blanda, deren Wasserhaushalt und Sedimenttransport von RICHTER & SCHUNKE (1981) und SCHUNKE (1981) untersucht wurden.

Die Wasserscheide, die die Flußgebiete der Jökulsá Vestri und der Jökulsá Eystri voneinander trennt, läuft zunächst vom Hofsjökull-Gipfel in Nord-Süd Richtung über den östlichen Teil des Súlajökull, eines Lobus des Hofsjökull, dessen Eisrand bei 980 m bis 1000 m ü.M. liegt.

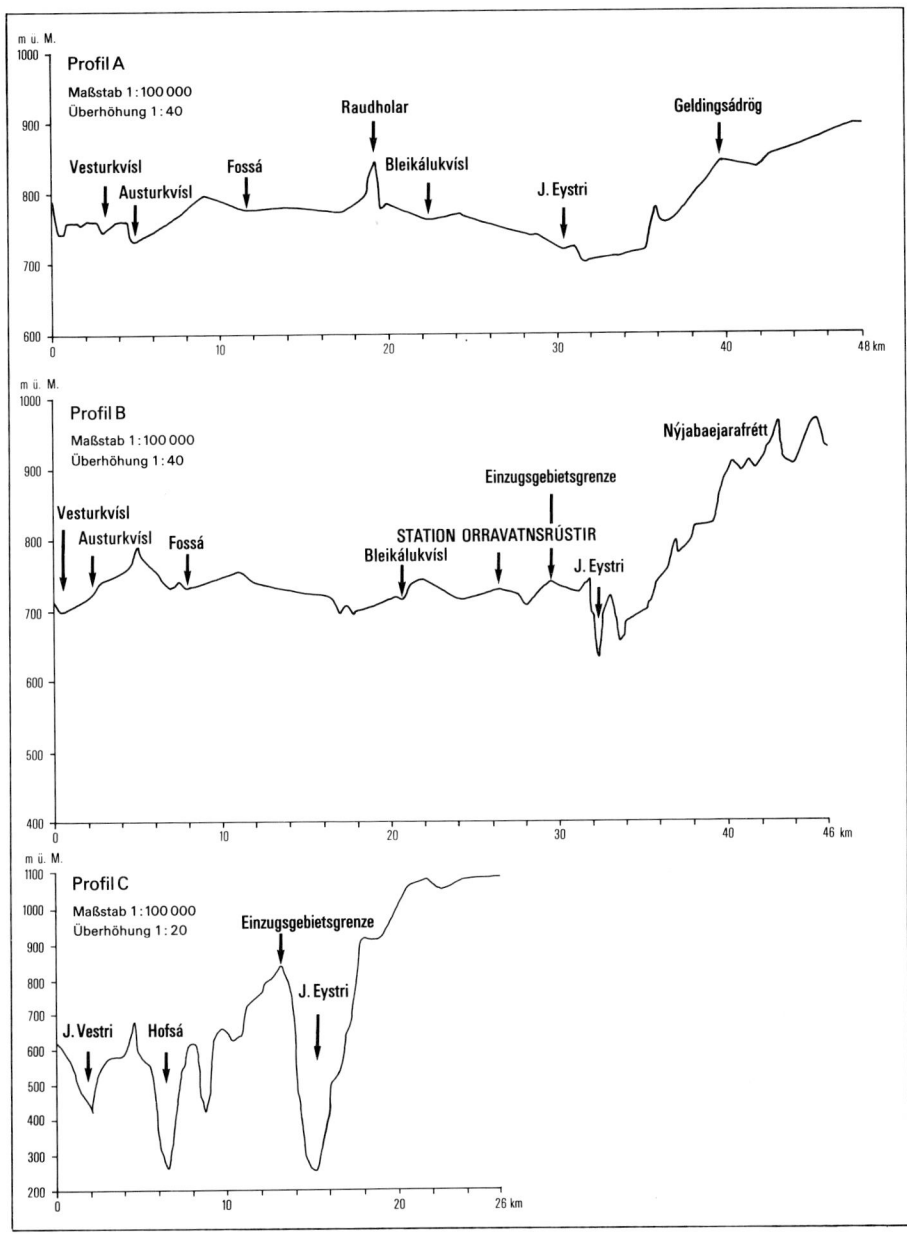

Abb. 2
Querprofile durch das Untersuchungsgebiet (Lage der Profile: vgl. Abb.1)

Über einige Palagonitrücken steigt die Wasserscheide nördlich des Eisrandes auf 1035 m bzw. auf 895 m ü.M. (Raudafell), bevor sie dann in tendenziellem Südwest-Nordost-Verlauf die kuppige Moränenhochebene des Hofsáfrétt in 750 m bis 850 m ü.M. bis östlich von Orravatnsrústir und Reydarvatn quert. Hier stellt sich nach kurzem West-Ost-Verlauf über den Reydarfell (802 m) bis Reidhóll eine grobe Südost-Nordwest-Richtung ein. In der flachen seenreichen Geländedepression zwischen Reidhóll und Keldudalur senkt sich die Wasserscheide auf 700 m ü.M. ab, verläuft aber ansonsten auf Höhen um 850 m ü.M. über den Basaltrücken, dessen spornartiges Ende die Ellidi (795 m) bildet. Von dort zum Pegel bei Goddalir (181 m) fällt die Einzugsgebietsgrenze der Jökulsá Vestri steil nach Westen ab.

Die südliche bzw. östliche Grenze des Untersuchungsgebietes stellt die Wasserscheide der Jökulsá Eystri zum angrenzenden Flußgebiet der Thjórsá im Süden und zum Eyjafjördur-Gebiet im Osten dar.

Von ihrem südlichsten und zugleich höchsten Punkt von 1800 m ü.M. auf dem Hofsjökull fällt die supraglaziale Wasserscheide zur Thjórsá in West-Ost-Richtung zum Gletscherrand auf ca. 840 m bis 820 m ü.M. ab. Südlich der Steilhänge des Tafelberges Miklafell (1456 m) treten die glazialen Wasser als Jökulkvísl bzw. Hnjúkskvísl an die Oberfläche. Sie bilden den südöstlichsten glazialen Zufluß der Jökulsá Eystri.

Nordöstlich des Gletscherrandes verläuft die Grenze des oberirdische Einzugsgebietes in Südwest-Nordost-Richtung im flachen Randgebiet des Sprengisandur über eine Distanz von 10 km bis 12 km auf Höhen um 780 m bis 800 m ü.M. Nordöstlich der Háöldur-Kegelberge (856 m und 833 m) berührt die in weitem Bogen nach Nordosten gerichtete Wasserscheide die kuppigen Höhen des Nýjabaejarafrétt (900 m bis 1000 m ü.M.). Im Bereich dieses Moränengebietes grenzt für einige Kilometer das Einzugsgebiet der Jökulsá Eystri direkt an das Quellgebiet der Fnjóská, die wenige Kilometer östlich der beschriebenen Grenze entspringt.

Auf dem Basaltplateau, das nördlich an das Moränengebiet anschließt, tritt eine Richtungsänderung des Verlaufs der Einzugsgebietsgrenze ein: Von hier an läuft die Wasserscheide zwischen dem Austur- und dem Eyjafjalladalur in Südost-Nordwest Richtung südlich des Urridavatn auf den Nýjabaejarfjall. Hierbei werden im südlichen Bereich Höhen zwischen 900 m und 950 m ü.M. erreicht, im Gebiet des Nýjabaejarfjall steigt die Wasserscheide auf 1100 m ü.M. (Galtárhnjúkur) und höher an. Zum Pegel vhm 144 senkt sie sich über den Basaltsporn des Merkigilsfjall (941 m ü.M.) steil in das Austurdalur auf 217 m ab.

Ausgangspunkt der subglazialen Entwässerungssysteme der Untersuchungsgebiete ist ein unter der 923 km^2 großen Eiskappe des Hofsjökull liegender zentraler Vulkan, dessen 1500 m bis 1600 m hohe rhyolitsche Ränder eine 600 m tiefe Caldera umrahmen. Die durchschnittliche Eismächtigkeit beträgt 215 m; ihre größte Mächtigkeit erreicht die Eismasse am Boden der Caldera mit ca. 750 m.

Wie jüngere radiometrische Untersuchungen von BJÖRNSSON (1986) bestätigen, wird der Verlauf der subglazialen Wasserscheiden durch Felsketten bestimmt, die sich vom zentralen Vulkan in Nordnordost-Richtung und vom Miklafell nach Südsüdwesten erstrecken.

Das Eis bildet oberhalb der Caldera ein rundes Plateau mit einer maximalen Höhe von 1800 m ü.M., auf dem die supraglazialen Einzugsgebietsgrenzen punktförmig zusammenlaufen. Da sich die Reliefverhältnisse an der Gletscheroberfläche und unter den Eismassen weitgehend entsprechen, läßt sich der supraglaziale Verlauf der Wasserscheiden auf den Untergrund übertragen. Lediglich die südliche Einzugsgebietsgrenze der Jökulsá Eystri reicht subglazial weiter nach Süden, als dieses supraglazial den Anschein hat.

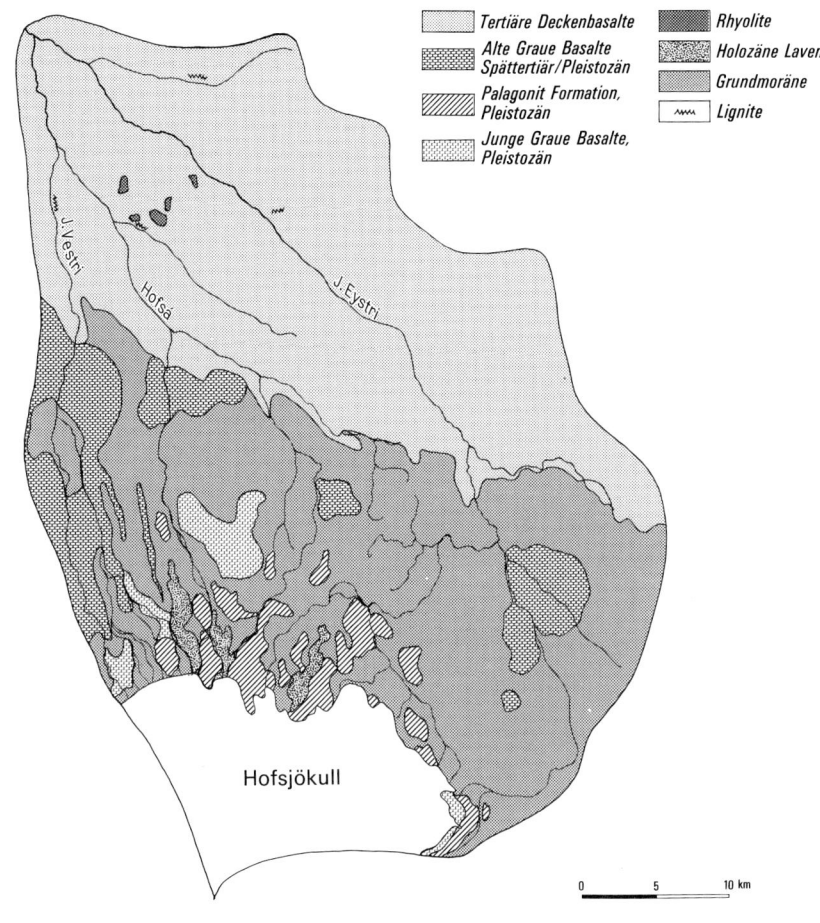

Abb. 3
Geologische Grundzüge des Untersuchungsgebietes

2.2. Geologische und geomorphologische Grundzüge

Bekanntlich gelten die geologischen Verhältnisse auf Island, das ein oberirdischer Teil des Mittelatlantischen Rückens ist, als Manifestation der Kontinentaldrift und des "sea-floor-spreading". Die Verteilung der ausschließlich vulkanischen Gesteine auf der Insel entspricht den Theorien von der axialen magmatischen Aufstiegszone zwischen den auseinanderdriftenden Platten Eurasiens und Nordamerikas.

Die Einzugsgebiete von Jökulsá Eystri und Jökulsá Vestri liegen nördlich eines Nebenarmes der aktiven Vulkanzone, der nordwestlich des Vatnajökull von der zentralen Neovulkanzone abzweigt und unterhalb des Hofsjökull nach Westen verläuft. Dem allgemeinen Verteilungsmuster auf der Insel folgend, nimmt das Alter der Gesteine im Untersuchungsgebiet mit zunehmendem Abstand von der aktiven Vulkanzone zu (vgl. Abb. 3).

Im nördlichsten Teil des Untersuchungsgebietes finden sich die ältesten Gesteine in Form von flachlagernden Tertiären Basalten. Die Schichten dieser aus Deckenergüssen hervorgegangenen Basaltlagen, von denen die ältesten aus dem Späteozän bis Miozän stammen, fallen mit 5° bis 15° nach Süden ein (vgl. THóRARINSSON et al. 1959).

Einige rhyolitische Ergüsse treten im Bereich zwischen Austur- und Vesturdalur südlich des Basaltsporns Ellidi auf. An drei Stellen der Talflanken im Vesturdalur, Giljádalur und Austurdalur sind eozäne bis miozäne Lignitschichten (isl.: "súrtarbrandur") aufgeschlossen.

An die Plateaubasalte schließen sich nach Süden die aus dem Spättertiär bis Pleistozän stammenden "Alten Grauen Basalte" an. Großflächig erstrecken sie sich nur im westlichsten Teil des Untersuchungsgebietes nördlich des Eisrandes. Im zentralen und östlichen Untersuchungsgebiet treten sie lediglich inselhaft in Form der Basaltkegel Lambárfell, Sandfell, Bleikáluháls und im Laugafell-Areal auf.

Während des Pleistozäns entstanden unter subaerischen Verhältnissen die "Jungen Grauen Basalte", die sich im zentralen Teil des Untersuchungsgebietes nördlich der Ásbjarnarvötn erstrecken. Subglaziale Eruptionen während der Kaltzeiten führten unter den besonderen Druck- und Temperaturbedingungen zur Bildung der Hyaloklastite der Palagonitformation (isl.: "móberg"). Vom nördlichen Eisrand erstrecken sich die gratartigen Palagonitbergrücken des Krókarfell, Tvifell, Ásbjarnarfell und Illvidrahnjúkar mit einer relativen Höhe von 150 m bis 250 m nach Norden. Sie sind vermutlich in der späten Weichseleiszeit entstanden. Im Osten reichen die Palagonite entlang des Gletscherrandes bis zum Miklafell (1495 m ü.M.). Dieser z.T. vom Eis bedeckte Tafelberg ging aus einer Kombination zwischen subglazialem und subaerischem Vulkanismus hervor: Der leicht erodierbare Hyaloklastitsockel mit seinen steilen Flanken entstand unter Eisbedeckung. Ihm wurde eine stark-resistente, flach geneigte Basaltkuppe aufgesetzt, als die Eruption die Eisoberfläche durchdrang.

Ausdruck des jungen aktiven Vulkanismus unter dem Hofsjökull sind die holozänen, nicht exakt datierten Laven, die sich zwischen den Palagoniten am nördlichen Eisrand nach Norden erstrecken. Subglaziale Eruptionen in spät- und postglazialer Zeit verursachten im nördlichen Gletschervorland einige katastrophale Gletscherläufe (isl.: "jökulhlaup") durch deren enorme Wassermassen die großen Sanderflächen wie z.B. der Raudhólarsandur im Untersuchungsgebiet geformt wurden (KALDAL 1978).

Im gesamten Hochlandbereich der Flußeinzugsgebiete von Jökulsá Vestri und Jökulsá Eystri sind die Festgesteine großflächig von bis zu 20 m mächtigen glazialen und glazifluvialen Ablagerungen verhüllt, so daß die Formationsgrenzen oft nicht eindeutig festzulegen sind.

Den Untersuchungen VIKINGSSONs (1978) zufolge dokumentieren Gletscherschrammen, daß das Skagafjördur-Gebiet im Pleistozän von einem Auslaßgletscher des Vereisungszentrums im Osten Islands bedeckt war. Die drei Haupttäler des Untersuchungsgebietes (Svartá-, Vestur- und Austurdalur) sind vermutlich seit der Alleródzeit wieder eisfrei, während die Hochlandgebiete zur Weichseleiszeit einer dritten Vergletscherung unterlagen. Der Rückzug des Eisrandes, der in südöstlicher Richtung stattfand, war von acht Stillstands- oder Vorstoßphasen unterbrochen, die durch Endmoränen und Sanderflächen markiert sind (vgl. Abb. 46, S. 146). Im allgemeinen laufen diese Endmoränen, deren älteste dem Búdi-Stadium zugerechnet wird, senkrecht zum gegenwärtigen Gletscherrand, was indiziert, daß auch das montane Hofsjökullgebiet zunächst eisfrei wurde (KALDAL 1978). Die Relikte der pleistozänen Vereisung wie Esker,

Drumlins, Rundhöcker und Toteislöcher auf der Moränenhochfläche sowie glazifluviale Schotter und fluviale Terrassenniveaus, die vor allem im weitläufigeren Vesturdalur erhalten sind (vgl. Abb.42, S. 123), bestimmen das Landschaftsbild im Untersuchungsgebiet.

Die tephrochronologischen Untersuchungen THóRARINSSONs (1964) führen zu dem Schluß, daß auch der derzeitige Umfang der Eismasse des Hofsjökull sich erst vor rund 2500 Jahren im Subatlantikum heranbildete und die größte Ausdehnung Ende des 19. Jahrhunderts erreicht war. Die Stadien des seitdem stattfindenden Rückzuges des Eisrandes, der am Lambahraun ca. 615 m betrug, sind durch verschiedene Moränengürtel ausgewiesen (vgl. SIGBJARNARSSON 1981).

Noch heute dominieren von den rezenten exogenen Formungsvorgängen im Untersuchungsgebiet die glaziale und glazifluviale Erosion und Deposition. Die von BJÖRNSSON (1979) anhand des fluvialen Sedimentaustrages aus dem gesamten Hofsjökull-Gebiet geschätzte Denudationsrate beträgt 0,9 mm pro Jahr. SCHUNKE (1981) ermittelte für die benachbarte Blanda eine mittlere flächenbezogene Abtragungsrate von 0,17 mm/Jahr.

Außer dem fließenden Wasser ist der Wind im Untersuchungsgebiet ein sehr aktives Transportmedium. Hohe Windgeschwindigkeiten und häufige vertikale Winde im Gletschervorland (ASHWELL 1986) bewirken eine weitreichende äolische Umlagerung von Partikeln der Tonbis Sandfraktion. Das äolisch transportierte lößartige Material (isl.: "móhella") wird außer aus den weitläufigen Sanderflächen vor allem aus dem pleistozänen Moränendetritus und dem Verwitterungsschutt der Palagonite ausgeblasen. Die Folge dieser äolischen Umlagerung sind skelettartige Steinpflasterböden einerseits und Oasen` mit geschlossener Vegetation auf mineralreichen Böden andererseits. Allerdings greift auch hier wieder die Winderosion in Form von Rasenschälen zerstörend ein.

Die über die genannten Prozesse hinausgehende Morphodynamik und das vielseitige periglaziale Formeninventar im Untersuchungsgebiet wie Frostmusterböden, Frostspaltensysteme, Solifluktionsformen, Thufur und Palsas u.a. werden von SCHUNKE (1975, S. 45 ff) ausführlich beschrieben.

2.3. Pedologische und vegetationskundliche Grundzüge

Die Böden im Untersuchungsgebiet müssen generell als Rohböden ohne Profilausprägung typisiert werden. Den Klassifikationen JOHANNESSONs (1960) und TEDROWs (1977) folgend, kann zwischen fünf Arealen mit Regosolen und Lithosolen differenziert werden (vgl. Abb. 4), wobei allerdings die holozänen Laven am Gletscherrand als "Gebiete ohne Böden und Vegetation" nicht näher behandelt werden.

In den tiefen und engen Talbereichen im nördlichen Untersuchungsgebiet finden sich überwiegend an flachgeneigten Hängen und Terrassen sandig-kiesige alluviale Böden, an den steileren Böschungen steinige Sande. Häufig wurde in den meist windgeschützten Tälern eine gering mächtige, lößartige Móhella-Schicht (mittlere Korngröße: 0,07 mm) akkumuliert. Die von GUDBERGSSON (1975) untersuchten Lösse im nördlichen Skagafjördur-Gebiet bestehen zu rund 70% aus braunem amorphem Glas der Móbergformation und zu 17% aus rhyolitischem Detritus, die zur Zeit der Bodenbildung aus größerer Entfernung äolisch in die Täler transportiert worden sind. Nur rund 15% des Bodenmaterials (Gesteinsfragmente) sind autochthon.

Da die Böden von den umliegenden steilen Talhängen ausreichend mit Sickerwasser versorgt werden und auch über ein gewisses natürliches Speichervermögen verfügen, eignen sie

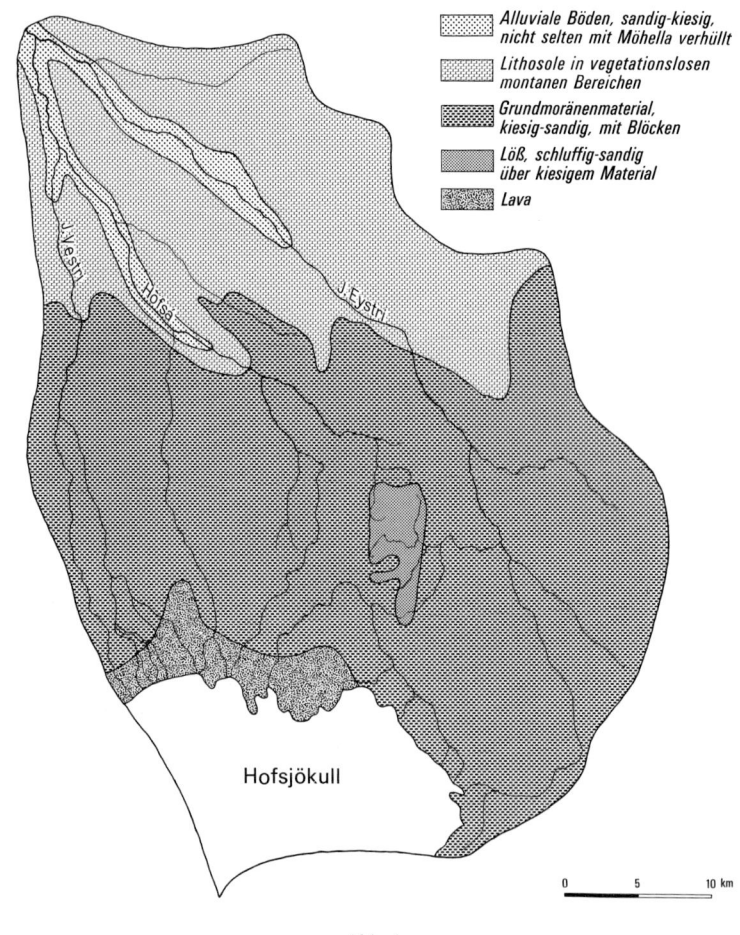

Abb. 4
Böden im Untersuchungsgebiet

sich in flacheren Arealen für eine Kultivierung von hofnahem Grasland (isl.: "tún") (vgl. Abb. 41, S. 122). An den stärker geböschten Hängen sind sie allerdings durch Wind und Wasser stark erosionsgefährdet (vgl. Abb. 43, S. 123).

In den rauhen felsigen Berglandbereichen oberhalb der Täler herrscht auf den dort großflächig verbreiteten Lithosolen weitgehend Vegetationslosigkeit. Allerdings bieten die in schmalen Streifen an Böschungen und in Senken anzutreffenden spärlichen Gräser auf sandigen, manchmal auch torfigen Böden während der kurzen hochsommerlichen Vegetationsperiode Nahrung für die herumziehenden freigrasenden Schafe.

Die größte geschlossene Fläche nimmt das sandig-kiesige, mit Blöcken durchsetzte Grundmoränenmaterial ein, das rund 80% des Untersuchungsgebietes bedeckt. Der Charakter dieser Grundmoränenbereiche verändert sich von feinkiesig-sandig bis steinig-blockig entsprechend der Höhe des Skelettanteils in der überwiegend sandigen bis grobschluffigen Matrix. Die im Rahmen des Forschungsaufenthaltes 1986 im Untersuchungsgebiet durchgeführten Sedimentuntersuchungen ergaben für das Grundmoränenmaterial folgende mittlere Korngrößenanteile: 28% Sand, 52% Grobschluff, 19% Feinschluff und knapp 1% Ton.

Aufgrund der starken äolischen Aktivität sind auf den Rohböden häufig Steinpflaster mit einer relativen Grobmaterialanreicherung in den oberen 1 cm bis 5 cm Bodentiefe anzutreffen. Die hohe Transportbeanspruchung durch äolische Aktion hinterließ nach Untersuchungen von LINDÉ (1983) deutliche Spuren an den Substratpartikeln und äußert sich auch in Schleifformen an Blöcken (Windkanter).

Die Ansätze einer schwachen A-Horizontausbildung sind aufgrund des geringen Gehaltes an organischer Substanz selten zu beobachten. Im Moränendetritus beträgt der Anteil organischen Materials nur 2%, im Feinsand des vegetationsreicheren Orravatn-Gebietes liegt er bei etwa 3%. Die Ursachen hierfür liegen sowohl in der aufgrund spärlicher Vegetation geringen Biomassenproduktion, als auch in der ständigen Deflation abgestorbener Pflanzenteile.

Umfangreiche bodenphysikalische Untersuchungen von VENZKE (1982 a, 1982 b) ergaben für die überwiegend sandigen Komponenten der Grundmoräne bei geringem Porenvolumen mit relativ hohem Grobporenanteil (rd. 50%) eine hohe Wasserleitfähigkeit von 10-2 bis 10-3 cm/sec. TóMASSON & THORGRíMSSON (1972) und THORGRíMSSON (1973) ermittelten für lockeren Moränenschutt einen LU-Wert von 50 bis 200, für sandiges lockeres Oberflächenmaterial einen noch höheren Wert von 200 bis 800 LU (LU : Lugeon Unit = Versickerung von 1l Wasser/m * min in einem Bohrloch von 76 mm ⌀ bei einem Druck von 10 kg/cm^2). Angesichts dieser hohen Versickerungswerte und des geringen Wasserbindungsvermögens des Substrates liegt der Schluß nahe, daß nur Stauwasser den Boden zu sättigen vermag.

In Übereinstimmung mit den Bodenfeuchtemessungen RICHTERs (1981) im Einzugsgebiet der Jökulsá á Fjöllum stellte auch VENZKE fest, daß im Grundmoränenmaterial die Wirkung der Verdunstung auf die oberflächennahe Substratschicht beschränkt ist. Aufgrund des Grobporenvolumens und des geringen Kontaktes der Substratpartikel hat diese Substratschicht eine große Isolationswirkung, die eine tieferreichende Wärmeleitung und den zur Verdunstung notwendigen Energieumsatz behindert.

Eigene Beobachtungen bestätigen die Aussagen RICHTERs und VENZKEs, daß das Substrat in der obersten Deckschicht stark ausgetrocknet erscheint, in 3 bis 5 cm Tiefe aber noch gewisse Feuchtigkeit gespeichert hat. Diese verdunstet sehr schnell, wenn sie durch Entfernen der Auflage der Einstrahlung ausgesetzt wird.

Die weitgehende Vegetationslosigkeit im Grundmoränenbereich (vgl. Abb. 45, S. 124) wird demnach vor allem durch die edaphisch bedingte Trockenheit verursacht. Für die Pflanzen sind nur sehr geringe Wassermengen verfügbar, was neben der frostklimatischen Ungunst (vgl. SCHUNKE & STINGL 1973; LIEBRICHT 1985) der Hauptgrund für die Arten- und Individuenarmut der Vegetation im isländischen Hochland ist.

Geschlossene Vegetationsdecken mit einer relativen Artenvielfalt konnten sich auf den inselhaft verbreiteten Móhella-Ablagerungen in windgeschützten Geländedepressionen ansiedeln. Nicht selten treten solche Areale mit Tundrenvegetation in Vergesellschaftung mit Sumpf- und Moorgebieten auf, in denen Seggen (v.a. Wollgräser die typischen Bestandsbildner sind. Im Untersuchungsgebiet sind diese Vegetationsoasen an Täler, Quellaustritte (Midhlurardrög, Hraunthúfnadrög, Giljámýrar, Keldudalskrókur) und Seen (Reydarvatn, Ásbjarnarvötn, Stavnsvötn) gebunden. Die größten zusammenhängenden Vegetationsareale und eigentlichen ökotopischen Zentren des Hochlandes (vgl. THORHALLSDóTTIR 1983) sind die Sumpfgebiete über

Permafrostboden: Orravatnsrústir, Svörturústir, Austari- und Vestaripollar. Sie bieten den freilaufenden Schaf- und Pferdeherden im Sommer ausreichenden Weidegrund.

2.4. Klimatische Grundzüge

Für die klimatischen Verhältnisse Islands sind neben der nördlichen Lage zwischen 63°24' N und 66°32' N im subpolaren Klimabereich maßgeblich die Einflüsse verschieden temperierter Luftmassen und Meeresströme verantwortlich.

Die Nähe der Zugbahnen atmosphärischer Tiefdruckgebiete bei ihrer Überquerung des Nordatlantik macht die Insel zu einer Region hoher zyklonischer Aktivität an der Grenze kalter polarer und warmer tropischer Luftmassen. Die thermischen Eigenschaften dieser Luftmassen werden von den Meeresströmungen modifiziert, die Island im Uhrzeigersinn umfließen: Der warme Irmingerstrom, ein Ausläufer des Golfstromes, beeinflußt die Süd-, West- und Teile der Nordküste. Der kalte Zweig des Ostgrönlandstromes trifft von Nordwesten kommend auf die Nordostküste und fließt an der Ostküste nach Süden. In seinem Einflußbereich ist die isländische Küste im Winter treibeisgefährdet.

Die Einzugsgebiete von Jökulsá Eystri und Jökulsá Vestri liegen nördlich einer orographisch bedingten Wetterscheide, die das Hochland in Ost-West-Richtung quert. Ziehen die Zyklonen im Süden an Island vorbei, ist es im Untersuchungsgebiet kalt und regnerisch. Passieren sie es nördlich, bringen die Winde aus südlicher Richtung dem Untersuchungsgebiet im Lee der Gletscher trockenes sonniges Wetter bei absteigenden Luftbewegungen.

Ein typisches klimatisches Kennzeichen des Untersuchungsgebietes ist der ständig wehende Wind mit teilweise sehr hohen Geschwindigkeiten. In Hveravellir wurde im Untersuchungszeitraum eine jährliche durchschnittliche Windgeschwindigkeit von 7,3 m/sec (± 0,6 m/s), in Nautabú von 4,8 m/sec (± 0,6 m/s), in Mýri von 4,0 m/s (± 0,4 m/s) gemessen. Die beiden temporären Stationen in Untersuchungsgebiet, Sandbúdir und Nýjabaer, verzeichneten von 1973 bis 1978 durchschnittliche Windgeschwindigkeiten von 10,1 m/s bzw. 11,9 m/s im Jahr (PALSDóTTIR 1985). Über die Lage der Klimastationen unterrichten Abb.5 und Tab.1.

Allgemein treten die größten Windgeschwindigkeiten im Winter auf. In den Sommermonaten bei generell geringeren Luftdruckgegensätzen modifiziert die Eiskappe des Hofsjökull den Windgradienten (vgl. HANNELL & STEWARD 1952); es kommt zur Ausbildung katabatischer Winde mit teilweise hohen Geschwindigkeiten und durch die Aufheizung der nichtvergletscherten Areale zu Konvektionsströmungen im Gletschervorland mit hochreichenden Staubstürmen und lokalen Regenschauern (vgl. ASHWELL 1986).

Die thermischen Verhältnisse sind im allgemeinen maritim ausgeglichen, unterliegen aber im zentralen Hochland zunehmender Kontinentalität (LIEBRICHT 1983), wobei das Untersuchungsgebiet dem ET-Klima KÖPPENs (1936) zuzuordnen ist.

Einen Eindruck von der Temperaturverteilung im Untersuchungsgebiet während der Monate Januar und Juli (1931 - 1960) vermittelt Abb.5. Eine nähere Kennzeichnung der Klimaelemente Niederschlag, Temperatur und Verdunstung erfolgt in den Kapiteln II.4., II.5., II.6. und III.4.

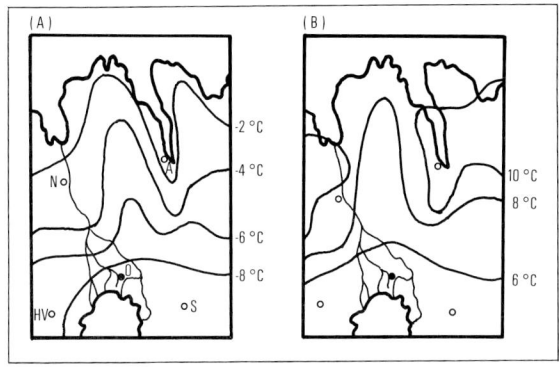

Abb. 5
Lufttemperaturen im Untersuchungsgebiet im Januar (A) und im Juli (B).
Mittelwerte der Jahre 1931 -1960. (Nach LIEBRICHT 1983)

Tab. 1:

Verzeichnis der Klimastationen im weiteren Untersuchungsgebiet

NAME	Koordinaten		Höhe	topographische Lage
	n.Br.	w.L.	m ü.M.	
Hveravellir (Hv)	64°52'	19°34'	642	westl. Zentrales Hochland
Nautabú (N)	65°27'	19°34'	115	nördl. Binnentiefland
Akureyri (A)	65°41'	18°05'	23	nördl. Küstentiefland
Torfufell (T)	65°19'	18°16'	215	nördl. Binnentiefland
Mýri (M)	65°23'	17°23'	295	nördl. Zentrales Hochland
Sandbúdir (S)	64°56'	17°59'	821	nördl. Zentrales Hochland
Nýjabaer (N)	65°09'	18°12'	890	nördl. Zentrales Hochland

2.5. Anthropogene Einflüsse

Das Untersuchungsgebiet ist nahezu unbesiedelt. Lediglich auf den Terrassen und den sanfter geneigten Böschungen der Talböden des Vestur- und Austurdalur existieren insgesamt 15 Höfe, von denen acht in Hofstellen mit 2 bis 3 Farmhäusern zusammengeschlossen sind, während sieben die für Island typische Einzellage haben.

Wie die 1986 begonnenen Ausgrabungen einer mittelalterlichen Hofstelle nahe der Wüstung Thorljótsstadir im Vesturdalur belegen, sind auch die südlichen tieferen Talbereiche früh besiedelt worden. Eine frühe Bedeutung als Bischofsitz hatte die Kirche von Arbaer, deren Ruine heute Zielpunkt eines gewissen regionalen Tourismus ist.

Das Skagafjördur-Gebiet gilt als eines der größten Zuchtgebiete Islands für Schafe und vor allem für Islandpferde. Die meisten Tiere verbringen den Sommer freigrasend im Hochland. Die kultivierten hausnahen Wiesen dienen der Rauhfutterproduktion für die winterliche Stallhaltung. Je tiefer man allerdings in die Täler eindringt, desto schwerer wird die Viehwirtschaft - in erster Linie wegen der zunehmenden Bodenknappheit. Die herrschende Landfluchttendenz wird durch sieben Wüstungen in den Tälern dokumentiert.

Von den noch bewirtschafteten Hofstellen hat Goddalir als Kirchenstandort und Sitz einer Postannahmestelle einen gewissen zentralen Charakter. "Mittelzentrum" für die Siedlungen im Vestur- und Austurdalur ist das ca. 40 - 50 km entfernte Varmahlid mit einem Lebensmittelmarkt, Tankstelle, Post und Bank.

Die Höfe in den Tälern sind an die Stromversorgung und das Telefonnetz angeschlossen und mit Fahrzeugen über Schotterwege zu erreichen. Die Piste, die nach Süden aus dem Vesturdalur ins Hochland hinaufführt, wird im Sommer gelegentlich von Reisenden frequentiert, die das Hochland über den Sprengisandur durchqueren wollen. Regionales Ausflugsziel stellt die Hütte am Laugafell mit den Quellen eines Thermalgebietes dar.

Das gesamte Einzugsgebiet von Jökulsá Vestri und Eystri ist also einem nur sehr geringen direkten anthropogenen Einfluß unterworfen. Einen massiven Eingriff in das natürliche Gefüge des Gebietes würde allerdings die Realisierung der geplanten Wasserkraftwerke an Jökulsá Eystri und Vestri darstellen.

3. Das Datenmaterial

Das Datenmaterial für die vorliegende Untersuchung resultiert erstens aus Meßreihen des Abflusses und der Sedimentfracht der Flüsse Jökulsá Eystri und Jökulsá Vestri, die von der Isländischen Nationalen Energiebehörde ORKUSTOFNUN erhoben wurden, zweitens aus Meßreihen des Niederschlages, der Lufttemperatur und weiterer Klimaelemente an verschiedenen Klimastationen im Norden Islands, die vom Isländischen Wetteramt VEDURSTOFA erstellt wurden und drittens aus hydrologischen und meteorologischen Messungen im Untersuchungsgebiet, die im Zuge eigener Feldarbeiten im Sommer 1986 durchgeführt wurden. Hier wird nun zunächst jenes Datenmaterial kurz skizziert, das von ORKUSTOFNUN und VEDURSTOFA ISLANDS dankenswerter Weise zur Verfügung gestellt wurde. Das bei den eigenen Feldarbeiten erhobene Datenmaterial wird später vorgestellt werden (vgl. S. 86).

Die Abflußmessungen der Jökulsá Eystri werden vom Pegel vhm 144 in der Nähe des Gehöftes Skatastadir im Austurdalur vorgenommen, der seit dem 1.7.1971 betrieben wird (vgl. Abb.1). Der Abfluß der Jökulsá Vestri wird seit dem 1.6.1971 am Pegel vhm 145 im Vesturdalur an der Straßenbrücke nahe dem Gehöft Goddalir gemessen (vgl. Abb. 40, S 122). Bei beiden Pegeln handelt es sich um selbstregistrierende Schreibpegel der Fa. OTT, deren Meßgenauigkeit bei vhm 144 und vhm 145 mit ausgezeichnet angegeben wird, d.h. der Meßfehler liegt unter 5%.

Die ermittelten Tagesdurchschnittswerte des Abflusses liegen als Magnetbandaufzeichnung bzw. in Jahrestabellen vor.

Der Bezugszeitraum für die Auswertung der langjährigen Meßreihen ist das hydrologische Jahr von Oktober bis September, da die winterlich akkumulierten Niederschläge noch im gleichen Haushaltsjahr erfasst werden sollen (vgl. WILHELM 1987). Die Benennung der hydrologischen Jahre erfolgt nach dem Kalenderjahr, dem die Monate Januar bis September angehören.

Zur Untersuchung des Abflusses standen die Tagesmittelwerte der hydrologischen Jahre 1972 bis 1986 zur Verfügung. Für die detaillierte Analyse des Abflußganges vor allem im Hinblick auf Einzelereignisse wurden die Pegelschreiberaufzeichnungen herangezogen.

Der Analyse des fluvialen Materialtransports liegen Messungen zugrunde, die ebenfalls von der Hydrologischen Abteilung der Isländischen Energiebehörde vorgenommen wurden (vgl. PÁLSSON & VIGFUSSON 1985).

Im Zuge der Planung eines Wasserkraftwerks im Untersuchungsgebiet, die eine Kette von Stauanlagen an der Jökulsá Eystri und Vestri sowie an vielen ihrer Zuflüsse im Hochland vorsieht (vgl. SVARNARSSON 1982, ORKUSTOFNUN 1982, 1984), wurden systematische Messungen der Sedimentbelastung durchgeführt, deren Daten in dieser Arbeit ausgewertet werden. Obwohl die Planungen im Zuge der gegenwärtigen globalen Entspannung der Energiesituation derzeit zurückgestellt sind, wird die Beprobung der Flüsse, vor allem der Jökulsá Vestri bis heute fortgesetzt. Gegenwärtig werden tiefenintegrierte Sedimentsammler amerikanischen Typs benutzt. Eine Messung besteht aus drei Schöpfvorgängen, bei denen an verschiedenen Stellen des Meßquerschnittes jeweils 0,5l-Flaschen gefüllt und als Mischprobe analysiert werden.

Die Korngrößenuntersuchungen werden routinemäßig im Sedimentanalyselabor in Keldnaholt bei Reykjavík vorgenommen (vgl. TÓMASSON 1976), wobei die Sandfraktion durch Siebung und Wägung, die feineren Fraktionen mittels Pipettierung bestimmt werden. Die differenzierte Gewichtsbestimmung erfolgt für folgende Fraktionen:

$$
\begin{array}{lrcrl}
\text{Ton} & 0,0 & - & 0,002 & \text{mm} \\
\text{Feinschluff} & 0,002 & - & 0,020 & \text{mm} \\
\text{Grobschluff} & 0,020 & - & 0,200 & \text{mm} \\
\text{Sand} & 0,200 & - & 2,000 & \text{mm} \\
\end{array}
$$

Die noch im experimentellen Stadium befindliche Messung und Berechnung der Bettfracht geht nicht in die Ergebnisse ein, da sie mit zu großen Unsicherheiten behaftet ist (vgl. TÓMASSON 1976).

Insgesamt stellte ORKUSTOFNUN für die vorliegende Arbeit die Ergebnisse von 100 Messungen an der Jökulsá Vestri bei Goddalir und 11 Meßergebnisse für die Jökulsá Eystri bei Skatastadir sowie einige Einzelmessungen an verschiedenen Stellen im Oberlauf der Flüsse für diese Auswertung zur Verfügung. Die Sedimentmessungen stammen aus dem Zeitraum 1974 bis 1986.

Die meteorologischen Daten, die zur Untersuchung des Abflußverhaltens herangezogen wurden, stellte das Isländische Wetteramt als Magnetbandaufzeichnungen bereit (Die Lage der bearbeiteten Klimastationen geht aus Abb.5 und Tab.1 hervor). Die Daten umfassen vor allem die Lufttemperatur und die Niederschläge. Die Temperaturregistrierungen, werden an den ausgewählten Stationen alle 3 Stunden (d.h. 8 mal/Tag) bzw. an einigen Stationen 3-mal täglich (um 9^{00}, 12^{00}, 21^{00} Uhr GMT) durchgeführt. Außerdem werden die täglichen Maximum- und Minimumtemperaturen registriert. Die Ablesung der Niederschlagswerte erfolgt 3-mal am Tag, woraus die Tagessummen des Niederschlages ermittelt wurden. Auf der Basis der Tageswerte von Temperatur und Niederschlag erfolgten die weiteren Berechnungen dieser Untersuchung.

Ergänzende Angaben wurden den meteorologischen Monatsheften "Vedrattan" des Isländischen Meteorologischen Dienstes entnommen.

Im folgenden werden auf der Basis des oben genannten Datenmaterials zunächst die Untersuchungen zum Wasserhaushalt der Flüsse Jökulsá Eystri und Jökulsá Vestri vorgenommen. Anschließend wird der Schwebstofftransport vor allem im Flußgebiet der Jökulsá Vestri analysiert.

II. UNTERSUCUHUNGEN ZUM WASSERHAUSHALT

1. Die hydrographische Situation

1.1. Das Gewässernetz der Jökulsá Eystri

Die Gletscherschmelzwasser, die auf einer Länge von ca. 16 km am nördlichen und nordöstlichen Gletscherrand (800 m bis 920 m ü.M.) zwischen den Palagonitkegeln des Illvidrahnjúkar (980 m ü.M.) und dem Tafelberg Miklafell zutage treten, vereinigen sich nördlich der Illvidrahnjúkar zur Jökulsá Eystri.

Die Fließrichtung der westlichen Arme wird von den in Nord-Süd Richtung verlaufenden quartären Laven bzw. den Palagoniten bestimmt. Die weit nach Süden reichenden östlichen Zuflüsse fließen zunächst parallel zum Gletscherrand in nordwestliche Richtung und biegen dann zwischen den Palagonitbergen Langihryggur (880 m) und Illvidrahnjúkar nach Norden um.

Hier, im unmittelbaren Gletschervorland, bestehen die Gewässer auf einer Fläche von ca. 110 km^2 bei einem mittleren Gefälle von 0,9 %, stellenweise auch nur um 0,1 % (vgl. Abb. 6), aus einem dichten Netz von sich häufig verlagernden anastomosierenden Wasserläufen.

Erst vom Sammelpunkt nördlich der Illvidrahnjúkar fließt die Jökulsá Eystri in einem festen Bett in Ost-Nordost-Richtung mit einem mittleren Gefälle von 1,2 bis 1,3 %, weist aber bei verringertem Gefälle immer wieder anastomosierende Abschnitte auf. Erst nach dem Verlassen der Moränenebene beim Übergang in den Bereich der Tertiären Basalte konsolidiert sich die Fließrichtung in eine nordwestliche; das mittlere Gefälle beträgt 1,6 %, streckenweise auch bis 3,0 %. In diesem Abschnitt, nach bisher 30 Flußkilometern, beginnt in einer Höhe von 660 m ü.M. der canyonartige Einschnitt des Jökuldalur in die Basalte. Im weiteren Verlauf (36 km) der Jökulsá Eystri im Jökuldalur bzw. im Austurdalur bis zum Pegel vhm 144 beträgt das mittlere Gefälle um 1,0 %; nur vereinzelt treten kurze Abschnitte mit 2,0 bis 2,5 % Gefälle auf.

Das Einzugsgebiet der Jökulsá Eystri ist von einem vielfach verzweigten, dichten Netz aus Nebenflüssen durchzogen (vgl. Abb. 1). Die größten der zahlreichen Zuflüsse und einige ihrer Gebietskennwerte sind in Tab. 2 aufgeführt.

Die Mehrzahl dieser Nebenflüsse im Basalt sind oberflächengespeiste Flüsse. Im Grundmoränenbereich überwiegen Quellflüsse mit mehr oder weniger hohem Anteil an Oberflächenwasser (vgl. KJARTANSSON 1967). Ihre oberirdischen Flußläufe sind im Verhältnis zu der Größe ihrer Einzugsgebiete recht kurz, da weite Teile keinen oder nur intermittierenden Abfluß aufweisen.

Nur von einem ihrer Nebenflüsse, der Hjnúkskvísl, deren Einzugsgebiet bis zum Miklafell weit nach Südosten reicht, wird der Jökulsá Eystri noch Gletscherwasser zugeführt. Kurz vor seiner Mündung nimmt dieser Gletscherfluß auch das Wasser der Laugakvísl auf, die am nördlichen Rand des Laugafell von heißen Quellen gespeist wird. Somit erhält die Jökulsá Eystri auch Zufluß von Thermalwasser. Zudem entwässern die sumpfigen Permafrostgebiete der Orravatnsrústir und Svörturústir ebenfalls über Nebenflüsse in die Jökulsá Eystri.

Den canyonartigen Unterlauf der Jökulsá Eystri erreichen einige kurze Zuflüsse, deren Quellgebiete auf der Hochfläche des Nýjabaejarfjall liegen. In diesen meist intermittierenden Flüssen stürzt zur Schneeschmelze und nach Niederschlägen das Wasser in engen Schluchttälern über z.T. hohe Gefällestufen zu Tal und gelangt über weite Schwemm- und Geröllfächer ins Austurdalur.

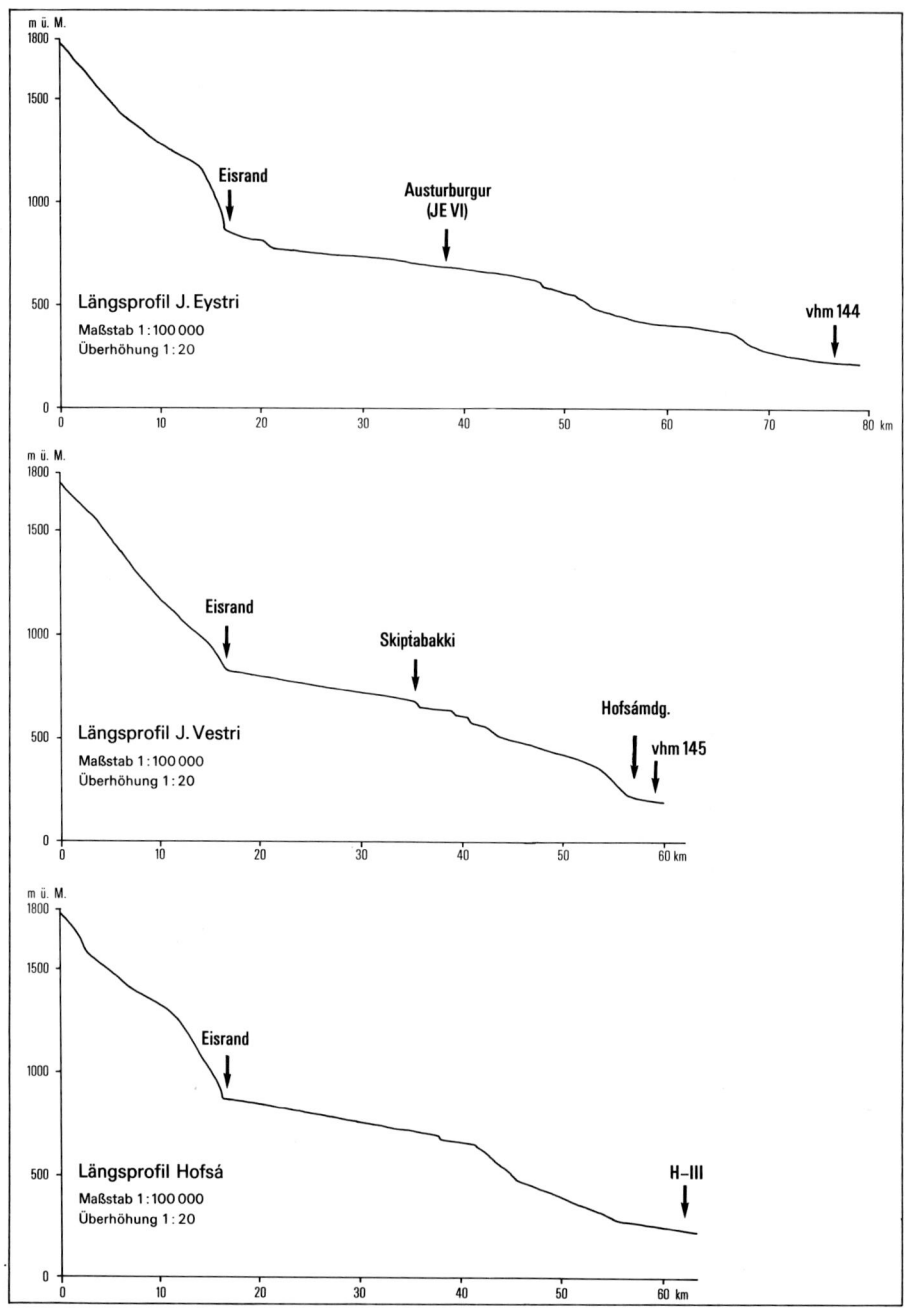

Abb. 6
Längsprofile der Jökulsá Eystri, Jökulsá Vestri und Hofsá

Tab. 2:

Die Nebenflüsse im Untersuchungsgebiet.

Nebenflüsse der Jökulsá Eystri

NAME	1	2	3	4	5	6	7	8	9	Bemerkungen zum Quellgebiet
Bugakvísl	l	12	740	700	4	1,0	50	0	SE	Sumpf- und Permafrostgebiete
Pollakvísl	l	12	740	700	6	0,7	50	0	SE	Sumpf- und Permafrostgebiete
Strangilaekur	r	15	750	690	9	0,6	70	0	N	Sumpfgebiet
Hnjúksvísl	r	20	850	680	28	0,5	195	24	E/NW	Eisrand am Miklafell
Geldingsá	r	27	860	600	14	2,5	110	0	NW	Hochfläche Nýjabaejarafrétt
Fossá*	r	37	940	440	8	6	15	0	W	Hochfläche Nýjabaejarafrétt
Fremri-Hvitá*	r	43	980	390	7	8	20	0	NW	Hochfläche Nýjabaejarafrétt
Ytri-Hvitá*	r	43	990	390	10	12	30	0	NW	Hochfläche Nýjabaejarafrétt
Tinná*	r	54	930	240	8	7	15	0	W	Hochfläche Nýjabaejarafrétt
Midhúsá*	r	61	950	220	10	5	35	0	W	Hochfläche Nýjabaejarafrétt

Nebenflüsse der Jökulsá Vestri

NAME	1	2	3	4	5	6	7	8	9	Bemerkungen zum Quellgebiet
Midhlutará	r	43	700	210	10	4,9	50	0	N	Moränenhochebene
Hofsá	r	44	340	195	**	5	490	6	NW	Zusammenfluß zahlreicher Hochlandflüsse

Quellflüsse der Hofsá

NAME	1	2	3	4	5	6	7	8	9	Bemerkungen zum Quellgebiet
Fossá	l	-	950	360	25	8	92	34	N	Eisrand am Östl. Lambahraun
Lambá	l	-	700	450	9	3	20	0	N/NW	Moränenhochebene
Hraunthúfnaá	l	-	740	500	12	1	85	0	N/NW	Zusammenfluß von Mid-, Systha- und Ystakvísl
Bleikálukvísl	l	-	980	680	21	1	81	0	NNE	am Östl. Lambahraun
Giljá	r	-	680	370	16	2	40	0	NW	am Östl. Lambahraun

* nicht exakt definierte Einzugsgebiete, daher nur angenäherte Angaben.

1. Nebenfluß von rechts oder links, 2. Mündung in den Vorfluter bei Laufkilometer (km)
3. Höhe ü.M. des Quellhorizonts (m), 4. Höhe ü.M. der Mündung in den Vorfluter (m)
5. Lauflänge (km), 6. Mittleres Gefälle (%), 7. Größe des Einzugsgebietes (km^2)
8. vergletscherter Anteil des Einzugsgebietes (km^2), 9. Fließrichtung.

1.2. Das Gewässernetz der Jökulsá Vestri

Am nördlichen Eisrand sammeln sich auf 850 m bis 900 m Höhe ü.M. die glazialen Schmelzwässer des Hofsjökull an der Oberfläche. Der oberirdische Flußverlauf der Jökulsá Vestri beginnt in einem Gebiet mit pleistozänen Palagoniten (Krókarfell, 950 m) und holozänen Laven (westliches Lambahraun).

5 bis 6 km nördlich des Gletscherrandes löst sich das Netz der Schmelzwasser in zwei parallele Hauptzweige auf: Austurkvísl und Vesturkvísl. Die Flüsse weisen bei einem mittleren Gefälle von 1,6 % in flachen Abschnitten im unmittelbaren Gletschervorland bis zu 1,5 km breite anastomosierende Abschnitte mit einem Gefälle um 0,4 % auf (vgl. Abb.6).

Nach den Eintritt in das Gebiet der Jungen Grauen Basalte nach 8 bis 9 Laufkilometern in ca. 800 m Höhe ü.M. sind die Flußverläufe relativ gradlinig, da sie sich an tektonischen Leitlinien in Nordsüd Richtung orientieren. Bei Skiptabakki, einer im Grauen Basalt liegenden Moräneninsel, vereinigen sich Austri- und Vestrikvísl zur Jökulsá Vestri. Bis hierher umfaßt das Flußgebiet 136 km^2 und mit 32,2 km^2 den einzigen direkten Anteil der Jökulsá Vestri an glazialem Einzugsgebiet.

Der Übergang vom Jungen Grauen Basalt zum Tertiären Basalt vollzieht sich über mehrere Gefällestufen (0,7 bis 1,0 %) nach ca. 40 Laufkilometern. In diesem Abschnitt beginnt auf 600 m bis 660 m Höhe ü.M. auch der canyonartige Talbereich des Goddaladalur, in dem die Jökulsá Vestri ihren Lauf nach Norden fortsetzt, bis sie bei Flußkilometer 57 in 210 m Höhe ü.M. in das Vesturdalur eintritt.

Bei Flußkilometer 44 mündet der einzige nennenswerte Nebenfluß, die Hofsá, in die Jökulsá Vestri, deren Einzugsgebiet bis dort 276 km^2 umfaßt. Zur Hofsá vereinigen sich zahlreiche Zuflüsse aus einem rund 490 km^2 großen Einzugsgebiet im nördlichen Gletschervorland (vgl. Tab. 2, Abb. 6). Damit ist das Einzugsgebiet der Hofsá weitaus größer als das ihres Vorfluters, der Jökulsá Vestri. Über die Hofsá erhält die Jökulsá Vestri neben einem geringen Anteil an Gletscherwasser und Zuflüssen aus dem Permafrostgebiet der Orravatnsrústir vor allem Wasser aus Quellflüssen, die aus dem stark permeablen Moränendetritus zutage treten. Somit ist auch die Hofsá als Quellfluß mit glazialem Anteil anzusprechen.

Nach ihrem Zusammenfluß mit der Hofsá legt die Jökulsá Vestri im Vesturdalur noch ca. 3 km zurück. Von den steilen Talhängen stürzen auch hier in zahlreichen tiefen Schluchten kleine intermittierende Wasserläufe, die über mächtige Schotterkegel in die Jökulsá Vestri münden.

2. Das Abflußverhalten der Jökulsá Eystri

2.1. Der Abfluß im Jahresmittel

Während des Untersuchungszeitraumes von 1972 bis 1986 betrug die am Pegel vhm 144 in Skatastadir gemessene mittlere Abflußmenge der Jökulsá Eystri 38 m^3/s, was einer mittleren Abflußspende von 36 l/s/km^2, bzw. einer mittleren jährlichen Abflußhöhe von 1065 mm/a entspricht.

Ein Blick auf die Jahre mit der maximalen und der minimalen Jahresabflußsumme macht deutlich, daß im Untersuchungszeitraum große Abflußschwankungen auftraten: So betrug im Jahr 1985, dem Jahr mit der minimalen Jahresabflußsumme (=1061 Gl) die mittlere Abflußmenge 33,7 m³/s (= 32,3 l/s/km² = 1020 mm/a); im Jahr 1984, dem Jahr mit der maximalen Jahresabflußsumme (=1459 Gl) lag die mittlere Abflußmenge bei 46,1 m³ (44,2 l/s/km² = 1395 mm/a). Auf das Abflußverhalten während der beiden Jahre mit extremen Abflußmengen wird später gesondert eingegangen werden (vgl. Kap. II.7, S.44).

Der höchste im Untersuchungszeitraum gemessene Abfluß (HHQ) betrug am 18.5.1980 gegen 21.^{00} Uhr 262 m³/s; die geringste Wassermenge von 14,1 m³/s floß am 27.10.1982 gegen 10.^{00} Uhr ab.

Da aufgrund der besonderen geologischen und pedologischen Situation in Island allgemein die Grundwasserverhältnisse kompliziert und schwer zu erfassen sind (vgl. ARNARSSON 1976), ist die Bestimmung der Abflußkomponente Basisabfluß problematisch. Wie RICHTER (1981) am Beispiel der Jökulsá á Fjöllum ausführlich darstellt, kann eine Quantifizierung des aus dem Grundwasserspeicher austretenden Wassers in arktisch-periglazialen Einzugsgebieten auf der Basis der winterlichen Abflüsse erfolgen, da sich diese bis auf geringe Restmengen glazialen Schmelzwassers (vgl. STENBORG 1965) fast ausschließlich aus Grundwasser rekrutieren. Allerdings gilt dieses nach Untersuchungen von FLÜGEL in der kanadischen Arktis nur für Gebiete, in denen nicht eine kontinuierliche Permafrosttafel die Ausbildung eines Grundwasserkörpers verhindert.

Angesichts der konstanten winterlichen Abflußniveaus in den untersuchten Einzugsgebieten konnten die Werte für den Basisabfluß mittels der graphischen Ganglinienseparation (MENDEL & UBELL, 1973) festgelegt werden. Im Einzugsgebiet der Jökulsá Eystri beträgt demnach der Anteil des aus dem Grundwasserspeicher abfließenden Wasser im langfristigen Mittel 22 m³/s, was ca. 56% des Gesamtabflusses entspricht.

2.2. Der Jahresgang des Abflusses

Die monatlichen Abflußmengen der Jökulsá Eystri lassen sich unmittelbar aus den Meßwerten des Pegels vhm 144 bei Skatastadir ermitteln (vgl. Abb.12, S. 53 und Tab.3).

Von Oktober auf November nimmt der Abfluß deutlich ab, danach geht er langsamer und gleichmäßig auf das Jahresminimum im Februar/März zurück. Die mittlere Abflußmenge beträgt im Februar 23 m³/s, im März nur 22 m³/s; durch die Kürze des Monats Februar fließt insgesamt jedoch weniger ab, als im März. Der winterliche Abfluß ist nur geringen Schwankungen unterworfen, wie die geringen Werte der Standardabweichung deutlich machen.

Tab. 3:

Der Jahresgang des Abflusses der Jökulsá Eystri. Mittelwerte der Haushaltsjahre 1972-1986 mit Standardabweichung. (Angaben in mm).

	O	N	D	J	F	M	A	M	J	J	A	S
	71	61	61	59	49	52	66	119	182	151	116	77
±	9	6	5	7	4	6	33	60	51	40	23	14

Ein erster leichter Abflußanstieg erfolgt im April; der deutliche frühjährliche Abflußanstieg findet im Mai auf 119 mm Abflußhöhe statt. Im Juni wird mit 182 mm das Maximum der Monatsmittelwerte erreicht. Von Juli an vollzieht sich der Abflußrückgang bis September in gleichmäßigen deutlichen Schritten.

Die Standardabweichungen, die mit Variationskoeffizienten von 45% bis 46% im April/Mai deutlicher Ausdruck der enormen Abflußschwankungen während der beginnenden Schneeschmelze sind, gehen im Spätsommer auf Werte um 20% des mittleren Abflusses zurück.

Der Klassifikation PARDÉs (1960) gemäß, läßt sich das Abflußregime u.a. durch den Schwankungskoeffizienten, d.h. den Quotienten $MQ_{Monat} : MQ_{Jahr}$ bestimmen. Im Falle der Jökulsá Eystri liegen die monatlichen Schwankungskoeffizienten zwischen 0,59 im März und 2,05 im Juni. Da die Werte nach dem frühsommerlichen Maximum auch im Juli und August mit 1,64 bzw. 1,26 relativ hoch bleiben, handelt es sich bei der Jökulsá Eystri um ein Nivo-Glaziales Abflußregime montanen Typs. Nach RIST (1956), in dessen Klassifikation die isländischen Flüsse nach ihrer Speisungsart in Quell-, Oberflächenabfluß- und Gletscherflüsse differenziert werden, ist die Jökulsá Eystri ein von Oberflächenwasser gespeister Fluß mit einem Anteil an glazialem Wasser.

3. Das Abflußverhalten der Jökulsá Vestri

3.1. Der Abfluß im Jahresmittel

Die am Pegel vhm 145 an der Strassenbrücke in Goddalir während der hydrologischen Jahre 1971 bis 1986 gemessene mittlere Abflußmenge betrug 21 m^3/s, was einer mittleren Abflußspende von 28 l/s/km^2 bzw. einem mittleren Niederschlagsäquivalent von 899 mm/a entspricht.

Die für die Extremjahre 1984 (maximale Jahresabflußsumme von 888 Gl) und 1985 (minimale Jahresabflußsumme von 557 Gl) berechneten Abflußmengen betragen 28 m^3/s (36 l/s/km^2 = 1157 mm/a) bzw. 18 m^3/s (22 l/s/km^3 = 704 mm/a). Eine nähere Analyse der Abflüsse in den Extremjahren erfolgt im Kapitel II.7. (vgl. S. 45 ff.).

Die hohen Abflußschwankungen, die im Einzugsgebiet der Jökulsá Vestri auftreten können, werden angesichts der höchsten und niedrigsten Abflußwerte, die an der Jökulsá Vestri im Untersuchungszeitraum gemessen wurden, deutlich: Am 27.5.1976 ereignete sich das höchste gemessene Abflußereignis (HHQ) gegen 21.^{00} Uhr mit 247 m^3/s. Am 16.2.1979 und am 20.3.1983 ging der Abfluß aufgrund von Eisbildung auf 5,3 m^3/s (NNQ) zurück.

Wie bei der Jökulsá Eystri wurde auch für die Jökulsá Vestri auf der Basis der graphischen Ganglinienseparation der mittlere Basisabfluß bei 13 m^3/s ermittelt, was ca. 59% des gesamten Abflusses entspricht.

3.2. Der Jahresgang des Abflusses

Die Monatsmengen des Abflusses der Jökulsá Vestri, die in Tab. 4 und Abb. 12 (S.53) dargestellt sind, werden direkt aus den Meßwerten des Pegels vhm 145 bei Goddalir errechnet.

Auch die Monatsmittelwerte des Abflusses der Jökulsá Vestri gehen von Oktober bis zum Minimum im Februar gleichmäßig zurück. Die Abflußmengen im Februar und März betragen jeweils 14 m^3/s, der höhere Gesamtabfluß im März ergibt sich aus der unterschiedlichen Monatslänge. Ein deutlicher Abflußanstieg erfolgt im Monat April und setzt sich zum Mai fort, wo mit 117 mm der zweithöchste Monatsmittelwert erreicht wird. Im Juni geht der Abfluß auf 98 mm zurück, steigt im Juli aber wieder an und erreicht im August mit 119 mm den höchsten Monatsmittelwert des Jahres. Zum September erfolgt ein deutlicher Abflußrückgang, der auch im Oktober anhält.

Tab. 4:
Der Jahresgang des Abflusses der Jökulsá Vestri. Mittelwerte der Haushaltsjahre 1972-1986 mit Standardabweichung. (Angaben in mm).

	O	N	D	J	F	M	A	M	J	J	A	S
	61	52	51	48	44	49	74	117	98	110	119	75
±	7	5	7	9	5	6	35	40	42	33	32	16

Der Gang der Standardabweichung zeigt im Winter einen gleichbleibend niedrigen Abfluß ohne nennenswerte Schwankungen. Mit dem Beginn der Schneeschmelze steigt die Variabilität des Abflusses: Der Variationskoeffizient erreicht im April 47%, im Mai 34% und im Juni 43% des monatlichen Abflusses. Im Juli/August, wenn die Gletscherablation den Abfluß bestimmt, stabilisieren sich die Abflußschwankungen, wie die relativ geringen Variationskoeffizienten von 30% bis 27% ausweisen.

Der Schwankungskoeffizient nach PARDÉ (1960) bewegt sich zwischen 0,64 in den Wintermonaten Januar bis März und 1,54 im August. Mit 1,50 tritt im Mai ein sekundäres Maximum auf. Im Gegensatz zur Jökulsá Eystri weist die Jökulsá Vestri erst im Spätsommer das absolute Maximum auf, so daß nach PARDÉ das Abflußregime der Jökulsá Vestri als glazio-nival bezeichnet werden kann. RIST (1956) klassifiziert die Jökulsá Vestri ebenso wie die Jökulsá Eystri als einen von Oberflächenwasser gespeisten Fluß, mit einem Anteil an glazialem Schmelzwasser.

4. Der Niederschlag

Die Erfassung der Niederschläge im zentralen isländischen Hochland bereitet, wie in fast allen polaren- und subpolaren Gebieten, erhebliche Schwierigkeiten. Die Ermittlung des Gebietsniederschlages im isländischen Hochland gestaltet sich vor allem aus zwei Gründen außerordentlich problematisch: Erstens umfaßt das Meßnetz außerhalb des isländischen Tieflandes nur sehr wenige längerfristig registrierende Stationen. Zweitens werden die Niederschläge in nahezu allen isländischen Klimastationen mit einem Niederschlagsmesser nach HELLMANN registriert. Die allgemein bei derartigen Meßgeräten bekannten Meßungenauigkeiten (vgl. SOKOLLEK 1986) weiten sich bei den hohen Windgeschwindigkeiten im isländischen Hochland sowie dem hohen Schneeanteil am Niederschlag natürlich zu sehr hohen Meßfehlern aus. EINARSSON (1972) schätzt den Meßverlust auf 25% bis 50% der Niederschlagsmenge, weist aber daraufhin, daß der Fehler bei Schneefällen erheblich höhere Werte annehmen kann.

Die einzige Station, deren Meßwerte die Verhältnisse in den Hochlandbereichen des Untersuchungsgebietes repräsentieren, ist die rund 40 km westlich des Untersuchungsgebietes gelegene Klimastation Hveravellir, die seit dem 1.9.1964 betrieben wird. Auf ihre Werte kann bei der

Berechnung der Gebietsniederschläge zurückgegriffen werden, da das isländische Hochland als klimatisch relativ homogen zu betrachten ist und Hveravellir in der gleichen Wetterregion wie das Untersuchungsgebiet liegt (vgl. LIEBRICHT 1983, S.83).

Die im folgenden auftretende Diskrepanz von 24% bis 47% zwischen den in Hveravellir im Untersuchungszeitraum gemessenen Niederschlagsmengen und den gemessenen Abflußmengen ist größtenteils auf den oben angedeuteten hohen Meßverlust bei der Niederschlagserfassung zurückzuführen.

Da es bisher, trotz einiger Ansätze (SEVRUK 1986, bei ALLERUP & MADSEN 1986) keine systematische Untersuchung über die Erfassung und Korrektur der Niederschlagsmeßwerte unter Berücksichtigung der Wind- und Schneeverhältnisse gibt, wurde in der vorliegenden Arbeit bei der Ermittlung des Gebietsniederschlages auf die einzige existierende, ganz Island umfassende Kartierung des Niederschlages von SIGFUSDóTTIR, (EYTHORSSON & SIGTRYGGSSON, 1971) zurückgegriffen, obwohl auch bei dieser Niederschlagskarte nach Angaben von SIGBJARNARSON (1970), von einem Meßfehler von mindestens 15% ausgegangen werden muß. Aufgrund fehlender Alternativen wurde auf der Basis der Niederschlagskarte von SIGFUSDóTTIR und den in Hveravellir im Untersuchungszeitraum gemessenen Niederschlägen versucht, mit Hilfe einer Hochrechnung, die den orographischen Verhältnissen in den Einzugsgebieten gerecht wird, den Gebietsniederschlag zu ermitteln.

Angesichts der oben genannten Umstände muß an dieser Stelle nochmals hervorgehoben werden, daß alle in diese Untersuchung eingehenden Niederschlagswerte nur Näherungswerte sein können, die als primäre Eingabegröße einen gewissen Unsicherheitsfaktor für die Wasserhaushaltsbilanz darstellen.

4.1. Der Gebietsniederschlag

Die planimetrische Auswertung der Niederschlagskarte von SIGFUSDóTTIR ergab für das Einzugsgebiet der Jökulsá Eystri während der Normalperiode (1931-1960) einen mittleren Jahresniederschlag von 993 mm, für das der Jökulsá Vestri einen solchen von 928 mm.

Um diese, für die Normalperiode (1931-1960) ermittelten Werte auf den Untersuchungszeitraum (1972-1986) übertragen zu können, muß festgestellt werden, inwieweit sich die Niederschlagswerte, die 1972-1986 gemessen wurden, von denen des Zeitraumes 1931-1960 unterscheiden. Dies geschieht anhand eines Vergleichs der in den entsprechenden Zeiträumen gemessenen Niederschlagswerte der Station Haell, die nach Untersuchungen von RICHTER & SCHUNKE (1981) mit denen der Station Hveravellir am besten korrelieren (Korrelationskoeffizient: 0,78; Fehlerwahrscheinlichkeit: unter 0,1%).

Dieser vergleichenden Berechnung zufolge, fiel im Zeitraum 1972 bis 1986 gegenüber der Normalperiode ein um 7% erhöhter Niederschlag.

So ergeben sich nach entsprechender Korrektur für das Flußgebiet der Jökulsá Eystri im Untersuchungszeitraum ein mittlerer Gebietsniederschlag von 1066 mm, für das der Jökulsá Vestri ein solcher von 998 mm. Im Unterschied zu den gemessenen Daten beinhalten die berechneten Werte auch die wesentlich höheren Niederschlagsmengen, die auf den hochgelegenen vergletscherten Teilen der Einzugsgebiete niedergehen. Eine regionale Aufschlüsselung macht deutlich, daß beim Einzugsgebiet der Jökulsá Eystri auf die vergletscherte Fläche, die einen Anteil von 14% ausmacht, mit 331 mm ca. 31% des gesamten Gebietsniederschlages fallen. Für den nichtvergletscherten Flächenanteil von 86% (= 986 km^2) verbleiben mit 735 mm ca. 69% des mittleren Jahresniederschlages.

Vom Einzugsgebiet der Jökulsá Vestri sind nur ca. 8% (= 59 km^2) vom Gletscher bedeckt, dennoch fallen auf diese Fläche mit einem mittleren Jahresniederschlag von 199 mm ca. 20% des gesamten Niederschlages. Auf den nichtvergletscherten Anteil (92%) des Einzugsgebietes fallen 799 mm Niederschlag pro Jahr, was 80% des Gebietsniederschlages entspricht.

4.2. Der Jahresgang des Gebietsniederschlages

Bei der Erfassung der Aufschlüsselung der Niederschlagsverteilung konnten die herkömmlichen Methoden wie die Verwendung z.B. der THIESSEN-Polygone oder des arithmetischen Mittels keine Anwendung finden, da diese Methoden auf denjenigen Meßwerten beruhen, die durch die Tallage der Stationen bzw. den hohen Meßverlust zu geringe Niederschlagsmengen aufweisen.

Außerdem kann keine der genannten Methoden dem großen Einfluß der orographischen Verhältnisse (vgl. SPREEN 1941; WMO 1972) gerecht werden, wie er im Untersuchungsgebiet gegeben ist. Da in den untersuchten Flußgebieten aber sehr große Höhenunterschiede auftreten, wurden bei der Bestimmung des jahreszeitlichen Verteilungsschlüssels der Niederschläge die

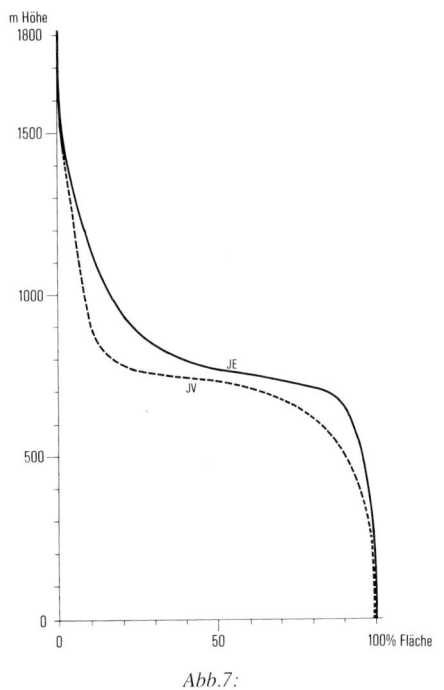

Abb.7:
Die hypsometrischen Kurven der Einzugsgebiete.

Meßwerte der Station Hveravellir unter Berücksichtigung des hygrischen Profils der Einzugsgebiete hochgerechnet. Nach der bei DRACOS (1980) beschriebenen Methode konnte unter Einbeziehung der Isohyetenkarte von SIGFUSDóTTIR das reliefabhängige Zunahmemodul M_N des Niederschlages für die einzelnen Flußgebiete bestimmt werden.

$$M_N = \frac{h_{N2} - h_{N1}}{H_2 - H_1} \quad (G\ 1)$$

In der Gleichung (G 1) bedeuten h_{N1} die Niederschlagshöhe und H_1 die Höhe (ü.M.), in der die Werte ermittelt wurden.

Aus der hypsometrischen Kurve (Abb.7) werden die Flächenanteile F_i des Einzugsgebietes, die zwischen den Höhen h_i und h_{i+1} liegen, sowie ihre mittlere Höhe h_i bestimmt.

$$F_i = (x_{i-1} - x_i)\,F \quad (G\ 2)$$

$$h_i = \frac{1}{2}(h_{i-1} + h_i) \quad (G\ 3)$$

Der Niederschlag N_i auf die Fläche F_i ist dann gleich:

$$N_i = (h_{N1} + M_N(h_i - H_1))\,F_i \quad (G\ 4)$$

Den Flächenanteilen der Höhenstufen entsprechend, konnten auf diese Weise die im 642 m ü.M. gelegenen Hveravellir gemessenen Niederschlagswerte auf die Flußgebiete der Jökulsá Eystri und Jökulsá Vestri übertragen werden. Hierbei nimmt der pluviometrische Gradient nicht linear zu: Bis 800 m ü.M. beträgt er ca. 100 mm / 100 m, in größeren Höhen steigt er bis über 200 mm / 100 m (vgl. GRISELDIN 1985, S.25).

Tab. 5:
Der Jahresgang des Gebietsniederschlages in den Flußgebieten, Mittelwerte der Haushaltsjahre 1972-1986 (Angaben in mm).

	O	N	D	J	F	M	A	M	J	J	A	S
Jökulsá Vestri	123	77	67	90	107	95	65	40	84	80	112	58
Jökulsá Eystri	136	83	70	97	116	103	62	39	91	86	122	61

Wie aus der Tabelle 5 hervorgeht, verteilen sich die Niederschläge in den Flußgebieten von Jökulsá Vestri und Jökulsá Eystri unregelmäßig über das Jahr. Im Oktober wird mit einem Anteil von 12% bis 13% am Gesamtniederschlag das Jahresmaximum erreicht. Dem starken Absinken der Niederschlagsmenge im November und Dezember folgt ein deutlicher Anstieg im Januar und Februar. Danach fallen die Werte über März und April zum Minimum im Mai ab, wo nur noch ein Anteil von 4% am Gesamtniederschlag registriert wird. Ein sekundäres Maximum erreichen die im Sommer ansteigenden Werte im August, wo 11 - 12% der Jahresniederschlagsmenge fallen.

Der Niederschlagsgang weist in den beiden Einzugsgebieten ein deutlich kontinentales Gepräge auf. Das sekundäre hochsommerliche Maximum dürfte aus Konvektionsniederschlägen resultieren.

5. Verdunstung

Die einzigen vorliegenden monatlichen Werte für die Potentielle Verdunstung im nordwestlichen isländischen Hochland stammen aus einer 3-jährigen Beobachtungsreihe (1964-1967) der Station Hveravellir, die von EINARSSON (1972, S.15) ausgewertet wurde. Sie sind in Tab.6 aufgeführt:

Tab. 6:
Monatsmittelwerte der Potentiellen Verdunstung in Hveravellir, 1964-1967. (Angaben in mm).

O	N	D	J	F	M	A	M	J	J	A	S
7	2	0	0	6	13	29	67	77	76	50	26

Diesem Verteilungsschlüssel gemäß, ist die Potentielle Evapotranspiration in den Wintermonaten Oktober bis Februar außerordentlich gering, bzw. gleich Null. Ab März steigt sie deutlich an, bis im Juni/Juli mit 77 bzw. 76 mm das Jahresmaximum erreicht wird. In den Monaten August und September ist wieder ein starker Rückgang der Potentiellen Evapotranspiration zu verzeichnen.

Den Ausführungen RICHTERs (1981) und VENZKEs (1982) zufolge wird die hohe sommerliche Potentielle Verdunstung von der Aktuellen Verdunstung nicht erreicht. Den limitierenden Faktor stellt das Wasserangebot dar, da in den vegetationslosen wüstenhaften Hochlandgebieten aufgrund der Substrateigenschaften der Bodenwasseraufstieg weitgehend gestört ist.

Nach RICHTERs Untersuchungen erreicht die Aktuelle Verdunstung im Einzugsgebiet der Jökulsá á Fjöllum während der Wintermonate Oktober bis Mai nur 80%, während der Monate Juni bis September nur 30% der Potentiellen Verdunstung. Insgesamt verdunsten im langjährigen Mittel dort 21% der Mengen von Niederschlag und Ablation, 79% gelangen in den Abfluß.

Übernimmt man diese grobe Festlegung der Richtwerte für die Einzugsgebiete der Jökulsá Eystri und Jökulsá Vestri, ergibt sich der in Tab.7 enthaltene Jahresgang der aktuellen Verdunstung mit einer mittleren Jahressumme von 169 mm.

Tab. 7:
Monatsmittelwerte der Aktuellen Verdunstung in Hveravellir. (Angaben in mm).

O	N	D	J	F	M	A	M	J	J	A	S
6	2	0	0	5	10	23	54	23	23	15	8

Von den winterlichen Minimumwerten erfolgt in den Monaten März, April und Mai ein starkes Ansteigen der Verdunstung, bis im Mai das Jahresmaximum erreicht wird. Es sei hier daraufhingewiesen, das bei dieser stark tentativen Festlegung der Übergang von den winterlichen zu den sommerlichen Verdunstungsbedingungen während der Frühjahrsschneeschmelze nur unbefriedigend erfaßt werden kann. Nach dem Abtauen der Schneedecke und dem Absenken des bodennahen Grundwasserspiegels gehen die Werte unter sommerlichen Verdunstungsbedingungen bis zum Ende des Haushaltsjahres stark zurück.

6. Speicherung

In glazialen und periglazialen Flußgebieten gelangt ein großer Teil der Niederschläge nicht sofort in den Abfluß, sondern wird mittelfristig als Schnee, längerfristig in Form von Gletschereis magaziniert. Da der Abflußgang dementsprechend maßgeblich von der zugeführten Schmelzenergie gesteuert wird, soll an dieser Stelle der Gang der Lufttemperatur und der Wärmesumme im Untersuchungsgebiet betrachtet werden (vgl. Tab. 8 und 9).

Tab. 8:

Mittelwerte der Lufttemperatur für 1972-1986, mit Standardabweichungen (Angaben in °C).

	O	N	D	J	F	M	A	M	J	J	A	S	Jahr
NAUTABÚ (115 m ü.M.)													
	2,9	-1,1	-2,7	-3,0	-1,2	-0,4	2,5	6,2	9,5	11,3	10,6	6,6	3,4
±	3,8	5,1	5,3	5,5	4,9	4,7	4,5	4,4	3,5	3,2	3,0	3,4	
AKUREYRI (23 m ü.M.)													
	3,1	-0,5	-2,0	-2,3	-0,9	-0,2	2,4	5,6	9,0	11,0	10,3	6,3	3,5
±	3,5	4,8	4,9	5,3	4,9	4,5	4,7	4,3	3,2	3,0	2,9	3,4	
TORFUFELL (215 m ü.M.)													
	2,5	-1,1	-2,8	-3,1	-1,4	-0,7	2,1	5,6	9,5	11,4	10,5	6,0	3,5
±	4,1	5,1	5,3	5,6	5,1	4,8	4,8	4,5	3,5	3,2	3,2	3,7	
MÝRI (295 m ü.M.)													
	1,2	-2,7	-4,4	-4,8	-3,2	-2,4	0,3	3,9	8,4	10,7	9,7	4,9	1,8
±	4,0	5,2	5,3	5,8	5,3	4,9	5,0	4,8	3,8	3,6	3,6	3,8	
HVERAVELLIR (642 m ü.M.)													
	-1,1	-4,9	-6,5	-7,0	-5,3	-5,2	-2,7	0,6	5,0	7,3	6,5	2,4	-0,9
±	3,7	4,5	4,9	5,2	4,7	4,7	4,2	3,7	2,8	2,5	2,4	3,0	

Während die Jahresmitteltemperaturen der tiefer gelegenen Stationen mit Werten zwischen 1,8°C und 3,4°C über dem Gefrierpunkt liegen, weist die Hochlandstation Hveravellir mit -0,9°C eine negative Jahresmitteltemperatur auf.

Die kältesten Monatsmitteltemperaturen treten im Januar auf. Sie liegen zwischen -2,3°C im küstennahen Akureyri und -7,0°C in Hveravellir. Der wärmste Monat im weiteren Untersuchungsgebiet ist der Juli mit Monatsmitteltemperaturen zwischen 11,4°C in Torfufell und 7,3°C

Tab. 9:

Mittelwerte der Wärmesummen für 1972-1986, mit Standardabweichungen (Angaben in °C).

	O	N	D	J	F	M	A	M	J	J	A	S	Jahr
NAUTABÚ (115 m ü.M.)													
	110	47	31	30	40	51	102	199	284	349	328	198	1769
±	42	24	30	28	21	27	41	59	34	45	44	51	
AKUREYRI (23 m ü.M.)													
	112	51	35	34	43	52	100	179	271	338	320	188	1723
±	45	25	21	31	26	31	48	60	30	36	44	65	
TORFUFELL (215 m ü.M.)													
	101	49	32	32	40	49	97	180	285	355	325	180	1725
±	43	24	19	31	24	29	44	60	34	44	48	54	
MÝRI (295 m ü.M.)													
	63	30	16	13	22	19	55	123	259	320	296	135	1351
±	42	19	15	8	17	10	31	63	35	53	60	41	
HVERAVELLIR (642 m ü.M.)													
	30	8	5	4	4	5	15	55	152	226	200	80	784
±	20	7	7	7	4	5	12	30	37	31	30	39	

in Hveravellir. Die Temperaturamplitude bewegt sich im Jahr zwischen 12,3°C im maritim beeinflußten Akureyri und 15,5°C in der kontinental gelegenen Station Mýri.

In Hveravellir wurden in den sieben Monaten von Oktober bis April Monatsmitteltemperaturen unter Null °C ermittelt, was sich auch in den geringen Wärmesummen wiederspiegelt, die in diesen Monaten in Hveravellir sogar gegen Null gehen können. Alle anderen Stationen haben in 5 Monaten von November bis März negative Mitteltemperaturen. Die jährlichen Wärmesummen erreichen Werte zwischen 1769°C in Nautabú und 748°C in Hveravellir.

Angesichts der niedrigen Temperaturen und der geringen Wärmesummen ist es naheliegend, daß ein großer Teil des Niederschlages im Untersuchungsgebiet als Schnee fällt. In den Monaten November bis März liegt der nivometrische Koeffizient in Hveravellir bei 96%, während der Monate April bis Oktober im Mittel bei 49%. Über das Jahr ergibt sich ein Anteil von 68% Schneetagen an der Zahl der Niederschlagstage. Der Jahresgang des nivometrischen Koeffizienten ist Tab.10 zu entnehmen.

Die Tabelle macht deutlich, daß im zentral isländischen Hochland ganzjährig mit Schneefall gerechnet werden muß. In den Monaten November bis März fällt der Niederschlag fast ausschließlich als Schnee. Noch im April und Mai liegt der Anteil der Schneetage an den Niederschlagstagen deutlich über 50%. Nur in den Monaten Juni, Juli und August sinkt der nivometrische Koeffizient unter 50%, im September überwiegt wieder leicht die Zahl der Schneetage.

Tab.10:

Mittlerer Jahresgang des nivometrischen Koeffizienten in Hveravellir in den Jahren 1972-1986 (Angaben in %-Anteil der Tage mit Schneefall an der Zahl der Niederschlagstage).

	O	N	D	J	F	M	A	M	J	J	A	S
	75	93	97	97	96	98	88	68	32	12	15	53
±	13	7	5	7	4	3	14	25	19	13	18	21

Die Tab. 11 enthält die Werte für die Schneebedeckung an drei Stationen, wobei in Mýri und Torfufell zwischen den tiefer gelegenen Stationen und den Hochlagen der umliegenden Berge differenziert wird. Es wird deutlich, daß von Dezember bis März die Bodenoberfläche im Untersuchungsgebiet fast völlig schneebedeckt ist. Zwar bleiben besondere Standorte wie windexponierte Kuppen und Hänge häufig schneefrei, grundsätzlich kann man aber von einer

Tab.11:

Monatsmittelwerte und Standardabweichungen der Schneebedeckung der Jahre 1972-1986 (Angaben in %)

	O	N	D	J	F	M	A	M	J	J	A	S
HVERAVELLIR												
	56	90	97	97	99	99	94	66	19	1	1	15
±	20	12	4	7	2	2	6	21	13	5	3	14
MÝRI, Station												
	53	80	89	88	89	82	59	27	15	0	0	15
±	23	17	15	15	18	15	23	22	5	0	2	15
MÝRI, Berge												
	69	91	97	97	96	98	89	50	11	2	4	32
±	19	13	5	6	10	5	12	18	13	1	8	23
TORFUFELL, Station												
	34	69	81	82	83	68	48	11	0	0	0	5
±	22	17	16	24	19	21	22	10	1	0	0	8
TORFUFELL, Berge												
	61	83	90	89	91	85	73	51	24	5	2	26
±	17	12	9	15	11	9	13	15	13	8	8	18

winterlichen geschlossenen Schneedecke sprechen. In den Tieflagen verringert sich die Schneebedeckung mit ansteigenden Temperaturen schnell im April und Mai. In den höheren Lagen beginnt das Tauwetter mit entsprechender Verzögerung, so daß hier erst im Mai/Juni die Schneeschmelze weitgehend abgeschlossen ist. Der Schnee, der in den Hochlagen auch in den Sommermonaten fällt, bleibt nicht lange liegen. Die Monate Juli und August sind auch hier nahezu schneefrei, abgesehen von perennierenden Schneeflecken, die im Hochland das ganze Jahr überdauern können. Im September beginnt der Aufbau einer Schneedecke bereits wieder; im Oktober sind im Mittel schon über 50% der Oberfläche mit Schnee bedeckt.

In Tabelle 11 bleibt allerdings die Schneemächtigkeit unberücksichtigt. Da die Schneedecke aufgrund ihrer Speicherkapazität für das Abflußverhalten bedeutsam ist, werden in Tab.12 die Werte für die durchschnittliche Schneedeckenhöhe in Hveravellir zusammengestellt.

Tab.12:

Der Jahresgang der mittleren Schneedeckenhöhe der Station Hveravellir und seine Standardabweichungen, Mittelwerte 1972-1986 (Angaben in cm).

	O	N	D	J	F	M	A	M	J	J	A	S
	11	21	35	53	64	72	74	55	0	0	0	0
±	5	10	13	16	22	19	22	26	0	0	0	0

Schon im Oktober hat sich im Mittel eine Schneedecke von 11 cm Höhe aufgebaut, deren Mächtigkeit sich kontinuierlich erhöht, bis in den Monaten März und April mit 72 bzw. 74 cm die größte mittlere Schneehöhe erreicht wird. Die größten Schneemächtigkeiten treten also auf, kurz bevor die frühjährliche Schneeschmelze einsetzt. Das großflächige Abschmelzen des Schnees vollzieht sich sehr rasch. SLANAR (1933, S.381) stellte nordwestlich des Vatnajökull 10-17 cm Abschmelzhöhe pro Tag bei heiterem und bis 11 cm pro Tag bei bedecktem Himmel fest. Die Auswirkungen der Sonneneinstrahlung sind aufgrund der nördlichen Lage Islands und der häufigen Wolkenbedeckung geringer als in mittleren Breiten. BERGTHORSSON (1977, S.36) ermittelte in Hveravellir im April/Mai im Mittel 17200 Kilojoule/m^2 bei wolkenlosem und 10200 Kilojoule/m^2 bei bedecktem Himmmel. Der Verlauf der Schneeschmelze wird daher vor allem vom Energieaustausch zwischen Schneedecke und atmosphärischer Umgebung bestimmt (vgl. ELIASSON & ARNOLDS 1976).

Die durchschnittliche Schneedeckenhöhe beträgt in Hveravellir von Oktober bis Mai 48 cm. Geht man von einer maximalen mittleren Schneemächtigkeit von rund 70 cm im Untersuchungsgebiet aus, ergäbe sich bei einer für die Tundra typischen durchschnittlichen Schneedichte von 0,3 g/m^3 (vgl. SLAUGTHER et al. 1974), ein Wasserwert von 210 mm. Diese Wassermenge gelangt zur Schneeschmelze in den Abfluß.

Im Gegensatz zum Niederschlag, der in Form von Schnee gespeichert wird und, wenn auch mit Verzögerung, noch innerhalb eines hydrologischen Jahres in den Abfluß gelangt, werden rund 50% des Schnees, der im Untersuchungsgebiet in Höhen von 1200-1300 m auf den Gletscher fällt, nach Untersuchungen von ARNARSSON (1976, 1980) und BJÖRNSSON (1979) haushaltsjahrübergreifend gespeichert und langfristig gebunden.

Die isländischen Eismassen erreichten ihre größte Ausdehnung im Holozän um 1890, während des sog. "Little Ice Age". Seitdem sind auch sie von dem global zu beobachtenden Gletscherrückgang betroffen (vgl. THóRARINSSON 1943, EYTHORSSON 1949, HANELL & ASHWELL 1959, SHARP & DUGMORE 1985). Die Eismasse des Hofsjökull hat sich seit 1920 konstant verringert, so daß sich die Größe des Gletschers von 996 km^2 bis 1973 auf 925 km^2 um 7,1% reduzierte (BJÖRNSSON, 1978). Diese Verringerung der Eismasse vollzieht sich in Abhängigkeit vom Klima in unterschiedlichen Geschwindigkeiten, wobei die Reaktion des Gletschers auf Klimaschwankungen nach Angaben von JOHANNESSON (1986) mit einer Verzögerung von über 30 bis maximal 700 Jahren erfolgen kann.

Von besonderem Interesse für das Untersuchungsgebiet sind natürlich die Gletscherstände am Nordrand des Hofsjökull, die seit 1950 am Lambahraun-Gletscher gemessen werden (vgl. SIGBJARNARSON 1981). So konnte im Zeitraum 1950 bis 1959 eine Rückzugsgeschwindigkeit des Gletscherrandes um 23 m/Jahr festgestellt werden, die sich aber bis heute ständig verringerte. In den 10 Jahren von 1965 bis 1975 wich der Rand des Lambahraungletschers um durchschnittlich 15,5 m/Jahr zurück, 1975 bis 1981 nur noch um 7 m/Jahr. Im Gletscherhaushaltsjahr 1981/82 wurde ein Rückgang des Gletscherrandes um nur noch 2 m registriert; 1983/84, dem letzen vorliegenden Beobachtungsjahr, traten an der Gletscherfront keine Veränderungen auf (vgl. RIST 1981, 1984). Anhand älterer Karten und anhand von Luftbildern ermittelte SIGBJARNARSSON (1981) einen Gletscherrückgang am Lambahraun von insgesamt 615 m in diesem Jahrhundert, wobei die durchschnittliche Rückzugsgeschwindigkeit seit 1950 um 14 m pro Jahr liegt.

In der Wasserhaushaltsbilanz der beiden untersuchten Gletscherflüsse ergeben sich im Untersuchungszeitraum entsprechend der Formel $A = N + Z - V$ im Mittel für die Jökulsá Vestri 69 mm und für die Jökulsá Eystri 173 mm zusätzlicher Abfluß durch Ablationswasser. Die Aufteilung dieser Wassermenge auf das hydrologische Jahr, erfolgt gemäß dem Abflußgang und ist Tab.13 zu entnehmen.

Tab.13:

Der Jahresgang des Ablationswassers (Z) aus dem Eis des Hofsjökull. (Angaben in mm).

	O	N	D	J	F	M	A	M	J	J	A	S	Jahr
Jökulsá Vestri	5	4	4	4	3	4	6	9	8	8	9	6	69
Jökulsá Eystri	12	10	10	9	7	9	10	18	28	23	16	11	173

Die Werte für den glazialen Abfluß während der Frühjahrsmonate sind nach dieser Aufteilung gegenüber den Spätsommerwerten zu hoch. Diese Verfälschung der tatsächlichen Gegebenheiten ergibt sich aus dem Verteilungsschlüssel durch die hohen nivalen Abflüsse. Es ist wahrscheinlicher, daß sich die niedrigen winterlichen Werte bis Mai/Juni nur geringfügig erhöhen. Der in den Wintermonaten trotz z.T. strengen Frostes noch auftretende glaziale Abfluß setzt sich nach Untersuchungen von STENBORG (1965) meist aus mehreren Komponenten zusammen, wie z.B. aus grundwasserähnlichem Basisabfluß, Schmelzwasser vom Gletscherboden sowie aus verzögert abfließendem sommerlichem Schmelzwasser.

7. Die zeitliche Variabilität des Abflußganges

Um die zeitliche Variabilität des Abflußganges und damit den Einfluß der klimatischen Parameter an Beispielen zu erläutern, wurden die Extremjahre 1984 als das Jahr mit dem höchsten Jahresabfluß von 1422 mm (Jökulsá Eystri) bzw. 1165 mm (Jökulsá Vestri) und 1985 als das Jahr mit dem geringsten Jahresabfluß des Untersuchungszeitraumes von 1052 mm (Jökulsá Eystri) bzw. 731 mm (Jökulsá Vestri) näher analysiert.

Als repräsentative Leitwerte für die wetter- bzw. witterungsbedingten Verhältnisse im Untersuchungsgebiet werden bei dieser Betrachtung die Klimawerte der Station Hveravellir herangezogen. Ergänzend werden die Meßwerte der umliegenden Stationen berücksichtigt. Die Analyse der Einzelereignisse (vgl. hierzu Abb. 8 und 9) erfolgt auf der Basis der Tagesmittelwerte bzw. der Tagessummen von Abfluß, Temperatur und Niederschlag sowie der täglichen Extremwerte; die Grobphasierung der Jahresgänge wird anhand der Monatsmittelwerte vorgenommen.

7.1. Der Abflußgang im Maximumjahr 1984

Die schon Ende September 1983 einsetzende Frostperiode bewirkte in beiden Flußgebieten einen gleichmäßig niedrigen winterlichen Abfluß (vgl. Abb. 8). Im Januar erreichten die Temperaturen in Hveravellir extrem niedrige Werte. Das Monatsmittel betrug nur -10,1°C; Mitte Januar 1984 wurden Minimumtemperaturen von -23,6°C bzw. -22,8°C gemessen. Die Folge dieses strengen Dauerfrostes waren, gemäß protokollarischer Eintragungen auf den Pegelstreifen, minimale Abflußwerte und starker Eisgang in beiden Gletscherflüssen.

Vom 9. bis 12.2.84 wurde die Frostperiode unterbrochen, wobei die maximalen Temperaturen von 1,0°C am 9.2. auf 2,2°C am 12.2. anstiegen. Gleichzeitig wurden in Hveravellir starke Niederschläge registriert: Am 10.2. 30,5 mm, am 12.2. sogar 82,1 mm, von denen ein großer Teil bei Temperaturen über dem Gefrierpunkt als Regen oder Schneeregen direkt in den Abfluß gelangte. Die Jökulsá Vestri reagierte mit einem deutlichen Abflußanstieg von 10,8 m^3/s am 9.2. auf 34,1 m^3/s am 12.2. In der Jökulsá Eystri zeigten sich die Auswirkungen der Temperaturveränderung und der Niederschläge kaum. Hier wurde lediglich ein leichter Abflußanstieg von 21,3 m^3/s auf 27,6 m^3/s registriert. Die Ursache hierfür wird zum einen in der nur geringen Temperatursteigerung liegen: In den niedrigeren Lagen erreichten die Temperaturen zwar Werte über dem Gefrierpunkt, in den Höhenlagen des Einzugsgebietes des Jökulsá Eystri dürften sie diesen nicht überschritten haben. Zum anderen wurden in den östlicher gelegenen Klimastationen wie Torfufell, Mýri, Nautabú und Sandhaugar an den entsprechenden Tagen nur geringe Niederschläge von 2 mm bis 10 mm verzeichnet, so daß davon ausgegangen werden kann, daß es sich um ein regional begrenztes Niederschlagsphänomen mit Auswirkungen vor allem auf den westlichen Teil des Untersuchungsgebietes handelte.

Bis Ende April traten in der Jökulsá Vestri drei weitere Abflußwellen mit Abflußspitzen zwischen 46 m^3/s und 30 m^3/s auf, in der Jökulsá Eystri wurden parallel nur Maximalwerte um 26 m^3/s gemessen. Da auch diese Abflußereignisse auf leichte Temperaturanstiege - in Hveravellir wurden Werte um 1°C bis 2°C registriert - in Kombination mit Niederschlägen von

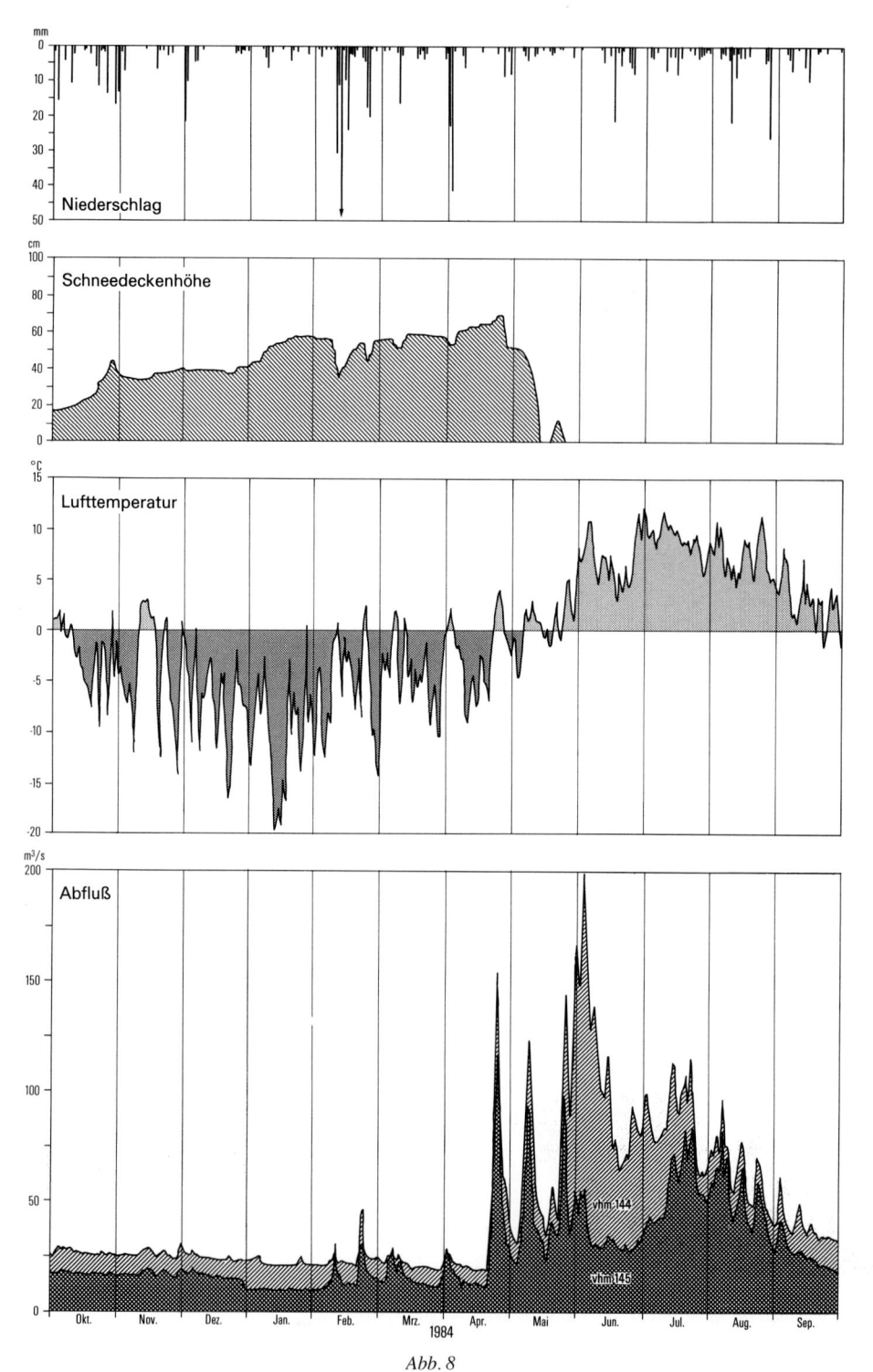

Abb. 8
Gang von Abfluß (vhm 144 und 145), Temperatur, Schneedeckenhöhe und Niederschlag (Hveravellir) im Jahr 1984 (= maximale Jahresabflußsumme).

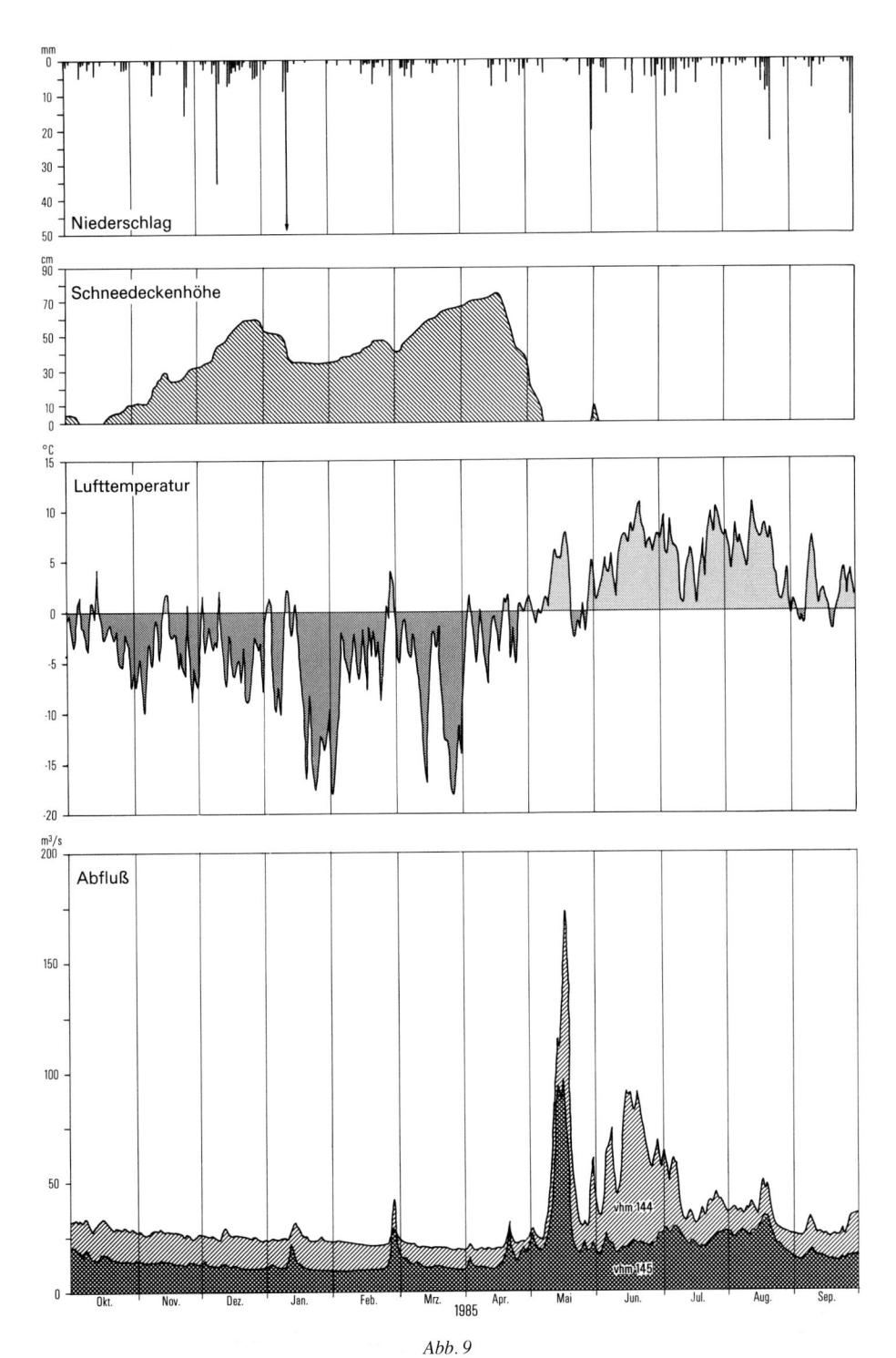

Abb. 9
Gang von Abfluß (vhm 144 und 145), Temperatur, Schneedeckenhöhe und Niederschlag (Hveravellir) im Jahr 1985 (= minimale Jahresabflußsumme).

20 mm bis 40 mm zurückgingen, sind auch in diesem Fall die Ursachen für die unterschiedlich starken Reaktionen beider Flüsse in den orographischen Gebietsdifferenzen zu suchen.

Bemerkenswerterweise wurde die Abflußwelle der Jökulsá Vestri am 24./25. Februar durch einen sog. "stage-flow" (isl.: "threpáhlaup") in der Hofsá verursacht: Der Temperaturanstieg auf Höchstwerte um 3°C löste einen plötzlichen Aufbruch der Eisbarrieren im Flußbett aus (vgl. RIST 1983), worauf das aufgestaute Wasser in der Jökulsá Vestri eine Abflußspitze von 116 m^3/s hervorrief.

Ab 23.4.84 erwärmte sich die Luft, so daß am 26.4. bei einem Tagesmittel von 3,8°C eine Tageshöchsttemperatur von 4,8°C erreicht wurde. Dieser Temperaturanstieg reichte aus, um in beiden Flußgebieten die Schneeschmelze einzuleiten: Ruckartig stieg der Abfluß an, so daß nur vier Tage nach dem Monatsminimum (am 24.4. mit 11 m^3/s) am 27.4. in der Jökulsá Vestri 171 m^3/s (HaQ 236 m^3/s um 16^{00} Uhr) und in der Jökulsá Eystri 118 m^3/s abflossen. In diesen Tagen wurden in Hveravellir und allen übrigen Klimastationen keine nennenswerten Niederschläge verzeichnet. Der bis dahin gar nicht oder nur schwach aufgetretene Tagesgang des Abflusses war mit Beginn der nivalen Hochwasser deutlich ausgeprägt. Die täglichen Maxima erreichten den Pegel vhm 145 bei Goddalir meist zwischen 16^{00} und 24^{00} Uhr, am Pegel vhm 144 bei Skatastadir wurde die Tageshochwasserwelle der Jökulsá Eystri meist zwischen 20^{00} und 4^{00} Uhr registriert. Die zeitliche Differenz ergibt sich aus den unterschiedlichen Lauflängen bis zu den Pegeln.

Die zurückgehenden Temperaturen (am 5.5. ein Tagesmittel von -4.5°C) und geringe Niederschläge ließen das erste nivale Hochwasser bereits nach 4 bis 5 Tagen wieder abebben; der Abflußwert sank bis zum 7.5. auf ein Tagesmittel von nur 22,0 m^3/s in der Jökulsá Vestri bzw. 31,0 m^3/s in der Jökulsá Eystri (LmQ Jökulsá Vestri = 18,9 m^3/s bzw. LmQ Jökulsá Eystri = 28,9 m^3/s).

Auf zwei folgende Tauwetterperioden mit Tagesmitteltemperaturen zwischen 1°C und 5°C reagierte der Abfluß in beiden Gletscherflüssen wieder parallel, aber mit unterschiedlich stark ausgebildeten Abflußwellen. Ende Mai war im Einzugsgebiet der Jökulsá Vestri dann die Schneeschmelze offensichtlich abgeschlossen. In Hveravellir hatte sich der Anteil der vom Schnee bedeckten Flächen in den tieferen Lagen von 74% im Mai auf 19% im Juni reduziert. Daher ging trotz weiterhin deutlichen Anstiegs der Temperaturen auf Mittelwerte um 11°C bei Tagesmaxima von 15°C bis 16°C, der Abfluß der Jökulsá Vestri zurück und stabilisierte sich Anfang Juni bei 30 m^3/s.

Ganz anders stellten sich die Auswirkungen dieses Temperaturanstieges im Mai/Juni für das Einzugsgebiet der Jökulsá Eystri dar. Hier erfaßte die Schneeschmelze unter dem Einfluß der deutlichen Temperaturerhöhung auf die genannten Werte von über 10,0°C nun auch die höher gelegenen Teile des Einzugsgebiets, mit der Folge, daß am 6.6.84 ein starkes Hochwasser mit einem maximalen Tagesmittelwert von 200 m^3/s und einer Abflußspitze von 226 m^3/s (um 23^{00} Uhr) den Pegel erreichte.

Sowohl während des Anstiegs der Hochwasserwelle, als auch bei ihrem langsamen Rückgang waren regelhafte tägliche Abflußschwankungen ausgeprägt, wobei das Minimum zwischen 8^{00} und 12^{00} Uhr, das Maximum zwischen 20^{00} und 4^{00} Uhr auftrat. Diese regelmäßigen Tagesschwankungen des Abflusses wurden nur unter dem Einfluß eines Niederschlagsereignisses am 16./17.6. gestört, wobei in Hveravellir bis 9^{00} Uhr morgens 16,6 mm Niederschlag registriert wurden: Der Abfluß begann nach kurzer Stagnation um 4^{00} Uhr morgens wieder zu steigen.

In den Hochlagen um Hveravellir ging der Anteil der schneebedeckten Flächen von 94% im Mai auf 50% im Juni und 26% im Juli zurück. Der Ausklang der Schneeschmelze in den höheren Lagen wirkte sich in der Jökulsá Eystri durch einzelne temperaturbedingte Abflußspitzen bis Anfang Juli aus.

Ab Anfang Juli stabilisierten sich die bis dahin stark variierenden Temperaturwerte, so daß sich ein Monatsmittel von 9,2°C (± 1,5°C) ergab. Die täglichen Minimumtemperaturen sanken nicht mehr unter 5,0°C, die Höchsttemperaturen lagen bis Ende Juli in Hveravellir zwischen 10,1°C und 17,4°C. Nennenswerte Niederschläge wurden in dieser Zeit in Hveravellir nicht verzeichnet. Die nun auch im steigenden Abfluß der Jökulsá Vestri wieder einsetzenden regelhaften Tagesschwankungen deuten auf den Beginn der Gletscherablation hin. Nach CHURCH (1974) setzen glaziale Abflüsse ein, wenn das frühsommerliche Temperaturdefizit an der Gletscheroberfläche überwunden ist und sich die starke Albedo nach Abtauen der Schneeauflage und der Freilegung des dunkleren Gletschereises vermindert. So traten parallel in beiden Gletscherflüssen im August in Abhängigkeit vom Gang der Temperatur deutliche Hochwasserwellen auf (vgl. Abb. 8). Hierbei ist die größere zeitliche Verzögerung der Reaktion des Abflusses auf den in Hveravellir gemessenen Temperaturanstieg bemerkenswert: Während sich unter nivalem Regime eine Temperaturerhöhung bereits innerhalb weniger Stunden an den Pegeln auswirkt, erhöht sich zu Beginn des glazialen Regimes die Reaktionszeit auf 48 Stunden, verringerte sich aber mit zunehmender Andauer und Kontinuität der glazialen Abflüsse wieder. BJÖRNSSON (1972) führt die engere Korrelation zwischen täglicher Energieeingabe und Schmelzwasser-Output darauf zurück, daß sich mit anhaltender Ablation alle sub-, supra-, und intraglazialen Schmelzwasserpassagen geöffnet haben und eine nur noch geringe Abflußverzögerung auftritt.

Erste Frostwechseltage bewirkten Mitte September 1984 einen kontinuierlich sinkenden Abfluß mit wenigen schwach ausgeprägten Hochwasserwellen und einem ausgeglichenen Tagesgang zum Ausklang des hydrologischen Jahres 1984.

7.2. Der Abflußgang im Minimumjahr 1985

Als Mitte Oktober 1984 die ersten Eistage in Hveravellir auftraten, war ein Tagesgang in beiden Gletscherflüssen nicht mehr erkennbar (vgl. Abb. 9). Die geringen bis mittleren Niederschläge des Monats wurden teilweise akkumuliert, so daß die durchschnittliche Schneedeckenhöhe in Hveravellir im Oktober bereits 6 cm betrug. Abgesehen von wenigen, auf Temperaturerhöhungen und Niederschläge zurückzuführenden einzelnen Abflußereignissen, dauerte die winterliche Ruhe mit Abflußwerten um 12 m^3/s in der Jökulsá Vestri bzw. um 20 m^3/s in der Jökulsá Eystri bis Mitte April 1985. Unter dieses Basisabflußniveau sanken die Abflüsse infolge einer extremen Frostperiode mit Temperaturen unter -20°C von Mitte Januar bis Ende Februar, wobei an beiden Pegeln Eisgang registriert wurde.

Mitte April 1985 setzte, außer durch leichten Abflußanstieg auch durch deutliche Tagesschwankungen im Abflußgang erkennbar, der Beginn der Schneeschmelze ein. Die Temperaturveränderungen machten sich vor allem bei der Jökulsá Vestri durch Abflußerhöhung bemerkbar, während die Schmelzenergie noch nicht ausreichte, um im höher gelegenen Einzugsgebiet der Jökulsá Eystri größere Wassermengen freizusetzen. Dieses geschah erst ab 10.5.1985, da die Temperaturen von diesem Tag an auf Mittelwerte deutlich über den Gefrierpunkt stiegen (1°C bis 6°C). Am 15./16.5. erreichten die Tageshöchsttemperaturen 10,0°C, wodurch die Schneeschmelze verstärkt wurde. Bis 17.5.1985 war der mittlere Abfluß der Jökulsá Vestri auf

93,3 m³/s gestiegen, stagnierte kurz und gipfelte am 19.5. in Werten von 97,0 m³/s , wobei die Abflußspitze um 24⁰⁰ Uhr bei 154 m³/s lag.

Mit leichter zeitlicher Verzögerung reagierte auch der Abfluß der Jökulsá Eystri auf die Erwärmung. Die Schneeschmelze bewirkte zwar auch hier am 10.5. einen Abflußanstieg, der Scheitelpunkt dieser ersten nivalen Hochwasserwelle, die stärker ausgeprägt war, als bei der Jökulsá Vestri, ist erst am 20.5. mit einem mittleren Tagesabfluß von 174 m³/s erreicht, wobei das HmQ mit 220 m³/s um 22⁰⁰ Uhr registriert wurde.

Nach diesem knapp 16-tägigen Hochwasser fiel die Abflußmenge in beiden Flüssen aufgrund niedriger Temperaturen bei wieder einsetzendem Frost auf Werte um 20 bis 25 m³/s. Während sich im Einzugsgebiet der Jökulsá Eystri die Hauptphase der Schneeschmelze von Mitte Juni bis Anfang Juli bei Tageshöchsttemperaturen von 10°C bis 17°C vollzog, blieb der Abfluß in der Jökulsá Vestri unter geringen Schwankungen niedrig. Nach dem Abbau der Schneerücklage in den Hochlagen des Einzugsgebietes ging auch in der Jökulsá Eystri der Abfluß deutlich zurück.

Üblicherweise werden beide Gletscherflüsse im Spätsommer überwiegend durch Gletscherablation gespeist, die meist Ende Juli/Anfang August einsetzt und bis in den September andauern kann. Im kalten Sommer 1985, in dem in Hveravellir Tagestemperaturen von über 14°C selten waren, reichte die Erwärmung für eine Gletscherschmelze kaum aus. Sehr schwach ausgeprägte Tagesgänge bei insgesamt niedrigen Abflüssen waren die Folge in beiden Einzugsgebieten. Die einzige nennenswerte Abflußerhöhung vom 19. bis 23.8. wurde durch den in Hveravellir in diesen Tagen gemessenen Niederschlag von insgesamt 49 mm (23,5 mm am 23.8.) hervorgerufen. Davon abgesehen wiesen beide Flüsse ab 23.8. zurückgehende Abflußwerte und nur noch vereinzelt Tagesschwankungen auf. Schon im September 1985 war bei einem Monatsmittelwert von 51 mm in der Jökulsá Vestri und von 92 mm in der Jökulsá Eystri das winterliche Abflußniveau beinahe erreicht.

8. Zusammenfassende Betrachtung des Wasserhaushaltes

In den untersuchten Einzugsgebieten von Jökulsá Eystri (1142 km²) und Jökulsá Vestri (766 km²) im Norden des zentral-isländischen Hochlandes herrscht ein arktisch-periglaziales Milieu. Die tertiären bis pleistozänen Basalte im Untergrund sind großflächig von Moränendetritus verhüllt. Das Untersuchungsgebiet ist nahezu vegetationslos und unbesiedelt.

Der jährliche Wasserumsatz in beiden Flußgebieten, deren klimatische Kennzeichnung vornehmlich anhand der Klimadaten der Station Hveravellir vorgenommen wurde, findet sich als Ergebnis der oben ausgeführten Untersuchungen in Abb. 10 zusammenfassend dargestellt.

Von den durchschnittlich 1066 mm bzw. 998 mm Gebietsniederschlag fällt bei einem mittleren jährlichen nivometrischen Koeffizienten von 69% ein Großteil als Schnee. Die winterlichen Niederschläge gelangen fast ausschließlich verzögert erst zur Schneeschmelze in den Abfluß. Im übrigen gehen die Niederschläge im Untersuchungsgebiet überwiegend in Form gering-intensiver Landregen nieder; die seltenen "Starkregen" werden meist im Zusammenhang mit Konvektion im Hochsommer registriert. Die Niederschläge werden aufgrund hoher Infiltrationsraten umgehend an den tieferen Untergrund abgegeben und damit dem Bereich, in dem Verdunstung wirksam werden könnte, entzogen. Wenn der Boden durch Gefrornis versiegelt ist, liegt in den Untersuchungsgbieten meist auch eine geschlossene Schneedecke, so daß eine hohe Albedo stärkerer Verdunstung entgegenwirkt. Nur während der kurzen Zeit nach der

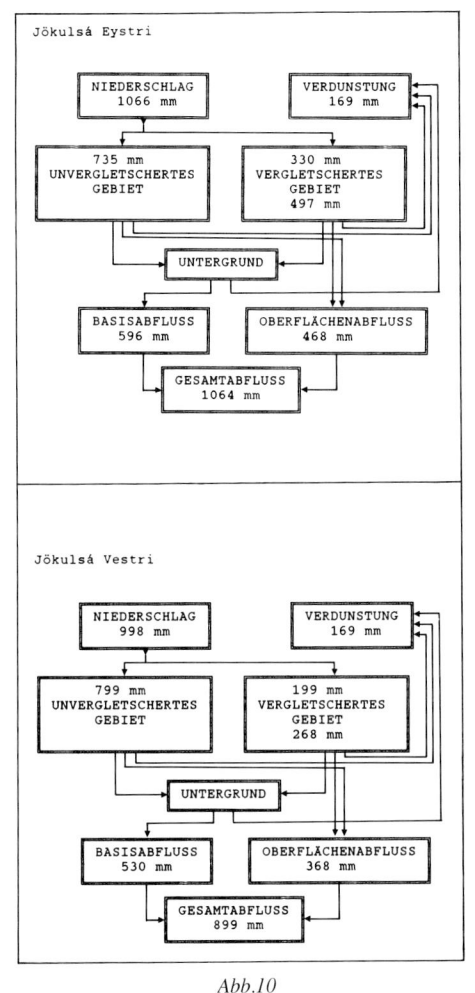

Abb.10
Der jährliche Wasserumsatz in den Einzugsgebieten von Jökulsá Eystri (a) und Jökulsá Vestri (b).

Schneeschmelze, wenn der aufgetaute Boden durch Sickerwasser gesättigt ist, kann die aktuelle Verdunstung gleich der potentiellen sein. In den meisten Wasserbilanzen arktisch-periglazialer Flußgebiete wird die Verdunstung aufgrund ihrer geringen Größe von 1% bis 2% des Niederschlages vernachlässigt (vgl. OESTREM et al. 1967; FLÜGEL 1983; ONESTI 1983).

In den Einzugsbieten der Jökulsá Eystri und der Jökulsá Vestri gehen im Jahresmittel vom Niederschlag 16% bis 17% durch Evapotranspiration verloren. Diese Daten korrespondieren gut mit dem von RICHTER (1981) im Einzugsgebiet der Jökulsá á Fjöllum ermittelten Wert von 22% und den von RICHTER & SCHUNKE (1981) im Flußgebiet der Blanda ermittelten Wert von 16%. Auch diese Flußgebiete des nördlichen zentral-isländischen Hochlandes weisen ein arktisch-periglaziales Milieu auf.

Der Teil der Niederschläge, der oberhalb der Equilibriumslinie (ca. 1300 m ü.M.) auf den Hofsjökull fällt, wird in Form von Schnee und Eis dem Abfluß langfristig entzogen. Da jedoch

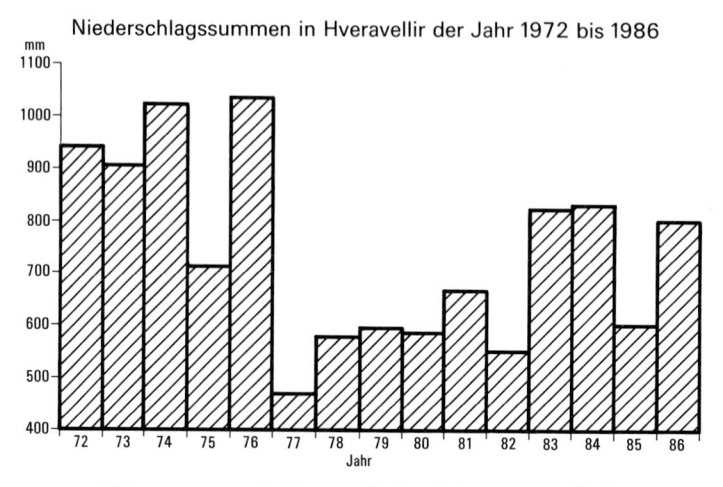

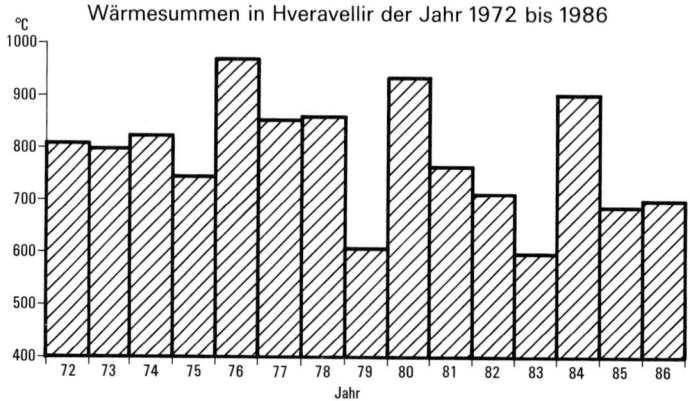

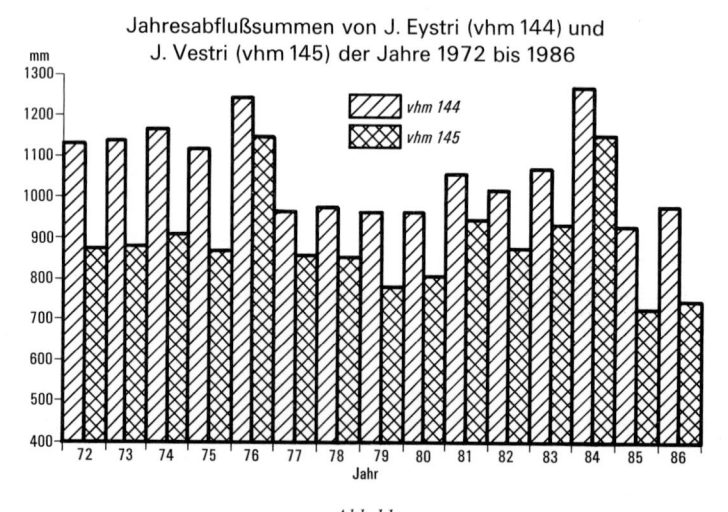

Abb.11
Die jährlichen Abflußsummen von Jökulsá Eystri und Jökulsá Vestri und die jährlichen Niederschlags- und Wärmesummen von Hveravellir.

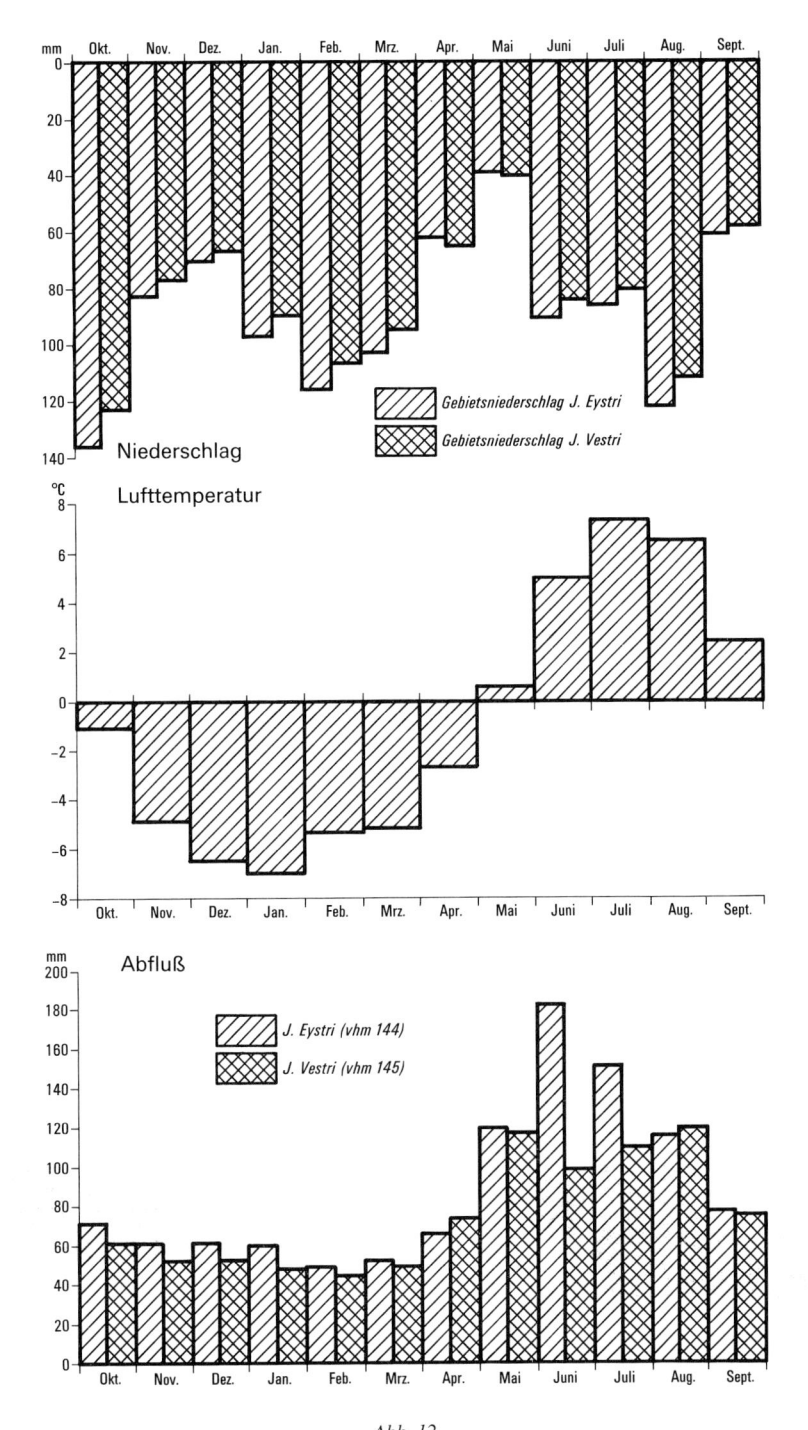

Abb. 12
Der jährliche Abflußgang von Jökulsá Eystri und Jökulsá Vestri sowie der Jahresgang von Temperatur und Niederschlag in Hveravellir. (Mittelwerte 1972-1986).

im Untersuchungszeitraum die Ablation gegenüber der Akkumulation überwog, ist die mittlere jährliche Wasserabgabe vom Gletscher um 7% bzw. 16% höher als die Eingabe.

Ein Vergleich der Abb. 11 dargestellten jährlichen Abflußmengen der Jökulsá Eystri und Jökulsá Vestri mit dem Gang der jährlichen Niederschlags- und Wärmesummen in Hveravellir macht deutlich, daß die Jahresabflüsse den Variationen der Niederschläge mit reduzierter Amplitude folgen. Wie in anderen periglazialen Einzugsgebieten mit glazialem Anteil, z.B. in den Alpen (RÖTHLISBERGER & LANG 1987), in Skandinavien (TVEDE 1982), in Nordamerika (FOUNTAIN & TANGBORN 1985), in Pakistan (FERGUSON 1985) und China (YANG ZHENNIANG 1982) beobachtet wurde, bewirkt der Zustrom von glazialem Schmelzwasser eine Glättung der jährlichen Abflußvariation, was auf die häufig negative Korrelation von Niederschlag und Wärmesumme zurückzuführen ist.

Die Grobphasierung des hydrologischen Jahres anhand der Monatsmittelwerte von Abfluß, Temperatur und Niederschlag (vgl. Abb.12) macht die Abhängigkeit des Abflusses von der thermischen Steuerungsdeterminante deutlich, die sich in den hohen partiellen Korrelationskoeffizienten zwischen Abfluß, Lufttemperatur und Wärmesumme von $r_{A,T} = 0{,}84$ bzw. $r_{A,WS} = 0{,}84$ für die Jökulsá Eystri und von $r_{A,T} = 0{,}88$ bzw. $r_{A,WS} = 0{,}83$ für die Jökulsá Vestri ausdrückt. Dagegen hat der Niederschlagsgang auf den Abflußgang keine direkt erkennbaren Auswirkungen: $r_{A,N} = -0{,}12$ für die Jökulsá Eystri und $r_{A,N} = -0{,}25$ für die Jökulsá Vestri.

Tab.14:

Die Wasserhaushaltsbilanz von Jökulsá Eystri und Jökulsá Vestri, Monatsmittelwerte der Jahre 1972 bis 1986. (Angaben in mm).

Jökulsá Eystri	O	N	D	J	F	M	A	M	J	J	A	S	Jahr
Niederschlag (+)	136	83	70	97	116	103	62	39	91	86	122	61	1066
Ablation (+)	12	10	10	9	7	9	10	18	29	24	18	11	167
Abfluß (-)	71	61	61	59	49	52	66	119	182	151	116	77	1064
Verdunstung (-)	6	2	0	0	5	10	23	54	23	23	15	8	169
Gesamtbilanz	+71	+30	+20	+47	+69	+50	-17	-116	-85	-64	+9	-13	0

Jökulsá Vestri	O	N	D	J	F	M	A	M	J	J	A	S	Jahr
Niederschlag (+)	123	77	67	90	107	95	65	40	84	80	112	58	998
Ablation (+)	5	4	4	4	3	4	6	9	8	8	9	6	69
Abfluß (-)	61	52	52	48	44	49	74	117	98	110	119	75	899
Verdunstung (-)	6	2	0	0	5	10	23	54	23	23	15	8	169
Gesamtbilanz	+61	+27	+19	+46	+61	+40	-26	-122	-29	-45	-13	-19	0

Eine ähnlich enge Korrelation zwischen Abfluß und Energieeingabe wurde nicht nur von RICHTER (1981) und RICHTER & SCHUNKE (1981) in den benachbarten Flußgebieten der Jökulsá á Fjöllum und der Blanda beobachtet, sondern auch BRAITHWAITE & OLESON (1988) nennen für zwei Einzugsgebiete im Süden Grönlands mit ähnlichem Vergletscherungsgrad vergleichbare Werte von -0,24 bzw. -0,27 = $r_{A,N}$ und von 0,98 bzw. 0,91 = $r_{A,T}$.

In den monatlichen Wasserhaushaltsbilanzen beider Flüsse, die in Tab. 14 zusammengestellt sind, steht dem relativ konstanten Eingabeüberschuß von Oktober bis März ein sommerliches Defizit mit ausgeprägtem Maximum im Mai gegenüber. Der abweichend vom ansonsten weitgehend parallelen Verlauf der Bilanzkurve beider Flüsse erhöhte Output-Überschuß der Jökulsá Eystri geht auf die orographischen Unterschiede der Einzugsgebiete zurück.

Die mittleren Abflußganglinien (vgl. Abb.13) machen die Dreiphasigkeit im Verlauf des hydrologischen Jahres deutlich:

1. Die winterlichen Abflüsse bewegen sich ohne nennenswerte Schwankungen auf dem Basisabflußniveau.

2. Die kurzfristigen absoluten Abflußspitzen ereignen sich während des nivalen Hochwassers, das sich häufig in mehreren Abflußwellen vollzieht. Insgesamt ist in dieser Phase der Abfluß extremen Schwankungen unterworfen, was durch die hohen Standardabweichungen zum Ausdruck kommt.

3. Ein sekundäres Maximum tritt im Hochsommer während der glazialen Abflüsse auf. Geringere Standardabweichungen der Abflußmengen verdeutlichen eine größere Stabilität der Abflüsse dieses Abflußregimes.

Ein Vergleich beider mittlerer Abflußganglinien macht den Einfluß der größeren Höhenlage des Einzugsgebietes der Jökulsá Eystri deutlich: In der postnivalen Phase geht der Abfluß im Einzugsgebiet der Jökulsá Vestri auf sehr geringe Werte zurück, bis die Gletscherablation wirksam wird und die glazialen Abflüsse einsetzen. Im insgesamt höher gelegenen Einzugsgebiet der Jökulsá Eystri hingegen setzt die Schneeschmelze später ein und ist noch nicht abgeschlossen, wenn die glazialen Abflüsse beginnen, wodurch der Übergang von nivalem zu glazialem Abflußregime weniger deutlich erkennbar ist, da er sich fließend vollzieht.

Für den fluvialen Materialtransport spielt, wie SCHUNKE (1985) für das Flußgebiet der Jökulsá á Fjöllum ausführt, die Häufigkeit bestimmter Abflußstärken eine Rolle. Die mittleren Abflußmengendauerlinien der an den Pegeln vhm 144 und vhm 145 in der Jökulsá Eystri und Jökulsá Vestri gemessenen Abflußmengen machen deutlich (vgl. Abb. 14 c), daß in beiden Flüssen das Basisabflußniveau von 22 m^3/s bzw. 13 m^3/s nur an rd. 100 Tagen unterschritten wird. An ebenfalls 100 bis 120 Tagen im Jahr treten überdurchschnittliche Abflußmengen auf. Hierbei ereignen sich allerdings die Spitzenabflüsse von über 50 m^3/s in der Jökulsá Vestri, bzw von 75 m^3/s in der Jökulsá Eystri nur an 20 bis 25 Tagen.

Ein Vergleich der Abflußmengendauerlinien der Jahre mit der höchsten und niedrigsten Abflußsumme, 1984 und 1985, zeigt (vgl. Abb. 14 a, b), daß weniger die größere Häufigkeit von Spitzenabflüssen für die maximale Abflußsumme des Jahres 1984 verantwortlich ist, als vielmehr ein hohes Gesamtniveau der Abflüsse. So überschritten in der Jökulsá Vestri die Abflußmengen des Jahres 1984 an 290 Tagen das Basisniveau, im Jahr 1985 dagegen nur an 240 Tagen. Abflußmengen, die über dem langfristigen Mittelwert liegen, traten im Jahr 1984 an 200 Tagen auf, wobei an 45 Tagen Spitzenabflüsse von über 50 m^3/s herrschten. Im Jahr 1985 gab es

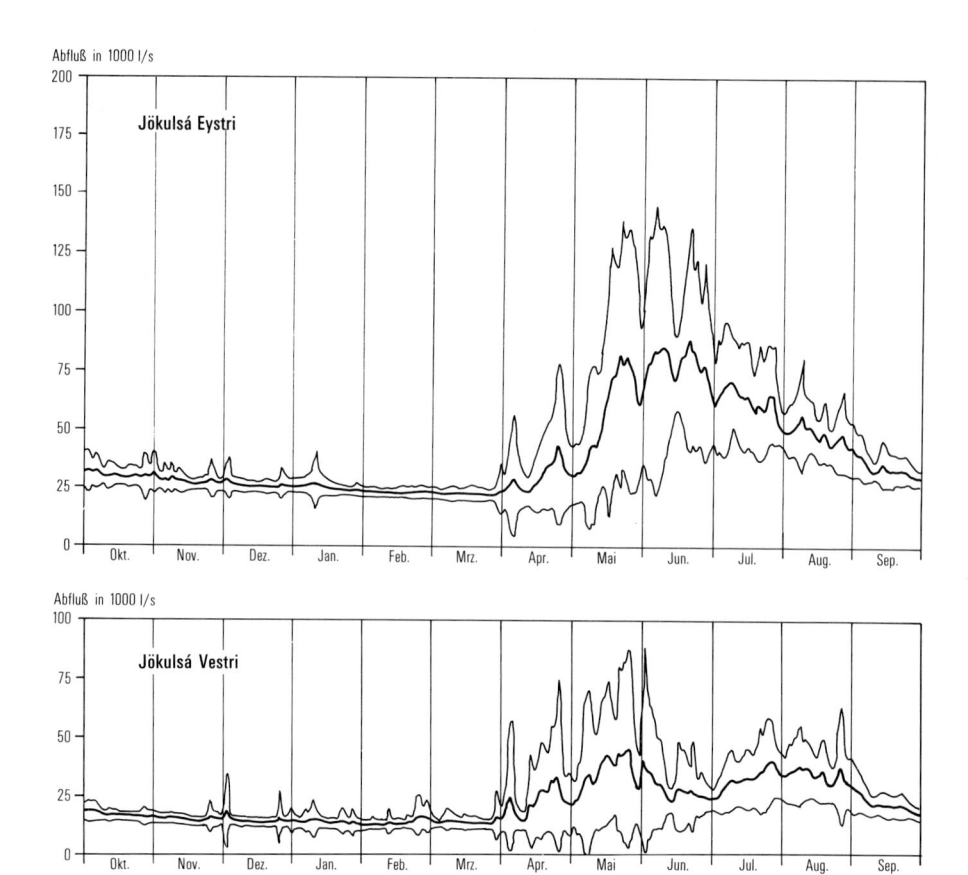

Abb. 13
Die mittleren Abflußganglinien der Jökulsá Eystri und Jökulsá Vestri, mit Standardbereich. (Mittelwerte 1972-1986).

hingegen in der Jökulsá Vestri nur an 90 Tagen überdurchschnittliche Abflußmengen, wobei nur an 7 Tagen Spitzenabflüsse registriert wurden.

In der Jökulsá Eystri wurde das Basisabflußniveau an 257 Tagen (1984) bzw. an 250 Tagen (1985) überschritten. 1984 herrschten an 227 Tagen überdurchschnittliche Abflußmengen, wovon an 84 Tagen Spitzenabflüsse über 75 m^3/s auftraten. Im Minimumjahr 1985 lagen die Abflußmengen nur an 65 Tagen über dem langfristigen Mittel, an 40 Tagen wurden Spitzenabflüsse registriert.

Bei der Analyse von Einzelereignissen am Beispiel der extremen Abflußjahre 1984 und 1985 bestätigt sich die Phasierung des Abflußganges im Detail, wobei die genauere Betrachtung unterschiedliche, meist thermisch bedingte Ausprägungen der einzelnen Abflußphasen deutlich macht. Die Einzelheiten hierzu werden im Kap. III dargestellt.

Diese saisonalen Abflußtrends werden in beiden Flüssen von regelmäßigen täglichen Abflußschwankungen überlagert, wie sie auch in anderen periglazialen Einzugsgebieten von SUNDBORG (1956), FAHNESTOCK (1963), ARNBORG et al. (1967), McCANN et al. (1971), ONESTI & WALTI (1983) u.a. beobachtet wurden. Dabei folgt das tägliche Ver-

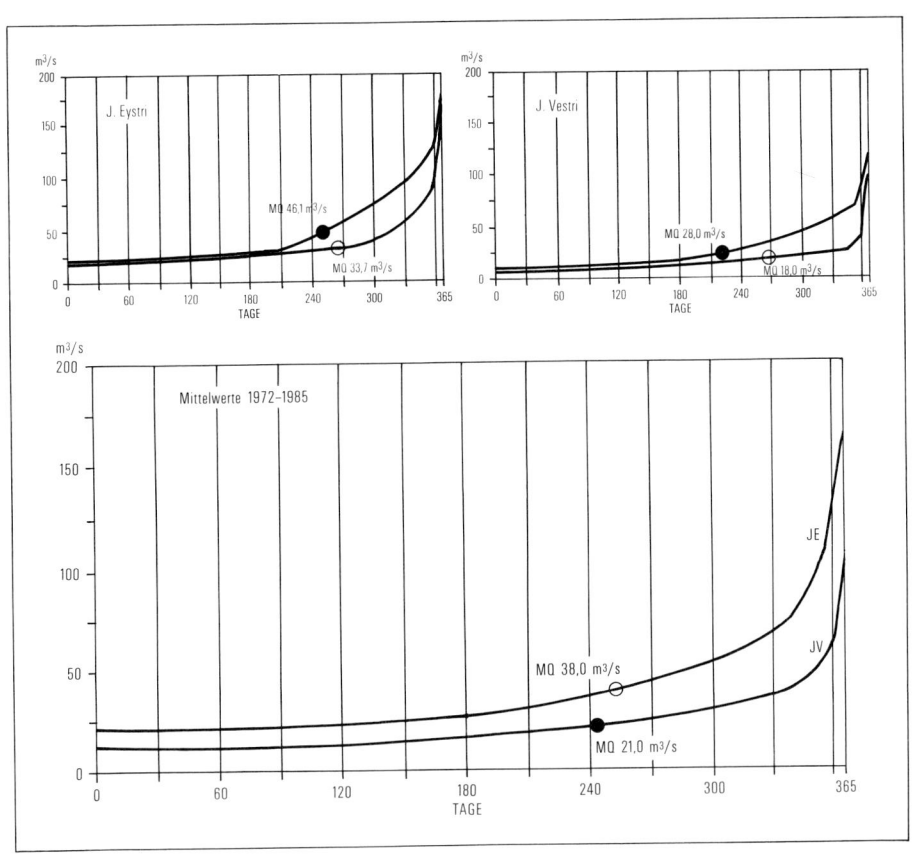

Abb. 14
Abflußmengendauerlinien von Jökulsá Eystri und Jökulsá Vestri für die Extremjahre 1984 und 1985 sowie die mittleren Abflußmengendauerlinien der Jahre 1972-1985.

teilungsmuster dem Gang der Lufttemperatur mit zeitlicher Verzögerung, die der Dauer der nivalen oder glazialen Schmelzwasserproduktion und des anschließenden Weges durch die verschiedenen Entwässerungssysteme entspricht. Die Ausprägung des Tagesganges ist von den Einstrahlungsbedingungen und der Tagestemperaturamplitude abhängig. Das tägliche Abflußmaximum liegt zwischen 8^{00} Uhr und 12^{00} Uhr; das tägliche Minimum ist zwischen 20^{00} Uhr und 4^{00} Uhr zu beobachten. Vor allem in der nivalen Abflußphase wirken sich Temperaturerhöhungen sehr schnell durch zum Teil erhebliche Abflußsprünge aus, während einem Rückgang der Temperaturen meist ein langsamerer Abflußrückgang folgt, wobei sich die Passage durch den Untergrundspeicher verzögernd auswirkt.

Wie die Abflußanalyse im einzelnen gezeigt hat, sind im Untersuchungsgebiet die direkten Auswirkungen der Niederschläge auf den Abflußgang gering. Mittlere und stärkere Niederschläge modifizieren den regelhaften Tagesabflußgang, indem sie einem Absinken des Abflusses entgegenwirken bzw. den Anstieg verstärken; eine Feststellung, die auch ONESTI & WALTI (1983) aus periglazialen Einzugsgebieten in der Brooks Range mitteilen. Eine Quantifizierung des abflußwirksamen Niederschlages ist nicht möglich, da zum einen die Übertragung der in

Hveravellir, also außerhalb des Untersuchungsgebietes, gemessenen Niederschlagswerte auf die Flußeinzugsgebiete mit zu großen Ungenauigkeiten behaftetet ist, zum anderen eine Separation von Niederschlags- und Schmelzwasseranteil am Abfluß im Rahmen dieser Arbeit nicht vorgenommen werden konnte.

III. UNTERSUCHUNGEN ZUM SCHWEBFRACHTTRANSPORT

Wie dem einleitenden Kapitel zu entnehmen ist, werden in isländischen Flüssen im Zuge der hydroenergetischen Prospektierung seit Beginn der 50-er Jahre Messungen und Analysen des fluvialen Materialtransports durchgeführt. Die Ausführung der Beprobungsprogramme obliegt Mitarbeitern der Isländischen Energiebehörde ORKUSTOFNUN, die jeweils mehrere Flußgebiete zu betreuen haben und ihre Bezirke, die - wie das Untersuchungsgebiet im Norden Islands - zeitweise nur schwer oder gar nicht zugänglich sind, in bestimmten Routen abfahren. Dieser Umstand ist in erster Linie der Grund für eine Beprobung in unterschiedlichen Zeitabständen, die nicht ereignisorientiert sein kann. Diese Beprobungen erfassen einen für einschlägige Untersuchungen im arktischen Periglazialbereich relativ langen Zeitraum. Dabei beziehen sich die Meßwerte auf ganz verschiedene Abschnitte des Abflußganges, was eine große Streuung der Werte zur Folge hat. Um nun weiteren Aufschluß über den Zusammenhang zwischen Abfluß und fluvialem Sedimenttransport in Abhängigkeit von meteorologischen, insbesondere pluvialen Ereignissen im arktisch-periglazialen Milieu zu erlangen, wurden im Sommer 1986 gezielte Feldarbeiten in den hier vorgestellten Flußgebieten durchgeführt. Die folgende Darlegung des Schwebstofftransportes der Jökulsá Vestri gilt zunächst der Analyse der langfristigen Beprobungen durch ORKUSTOFNUN und schließt dann mit der Analyse der bei den eigenen Feldarbeiten erhobenen Daten.

1. Die Schwebfracht der Jökulsá Vestri und ihr Jahresgang, 1974-1986

Die erste Schwebstoffprobe der Jökulsá Vestri stammt vom 24.4.1974, die letzte analysierte Messung vom 24.7.1986. Die Jökulsá Eystri hingegen wurde im Zeitraum von 1974 bis 1986 nur sporadisch beprobt, so daß aufgrund der Datenlage eine Ermittlung der durchschnittlichen Sedimentführung nur für die Jökulsá Vestri erfolgen kann.

Aus den oben genannten Gründen schwankt die Anzahl der Meßergebnisse zwischen insgesamt 20 aus den Wintermonaten, 30 aus dem Frühling und dem Frühsommer und rund 50 Ergebnissen, die die Verhältnisse im Hochsommer wiedergeben. Insgesamt konnten rund 100 Proben aus der Jökulsá Vestri analysiert werden, wobei die Daten Schweb- und Lösungsfracht umfassen. Messungen zum Geröllfrachttransport wurden im Untersuchungsgebiet nicht durchgeführt (vgl. S. 26).

Die Auswertung der Meßergebnisse erbrachte für die Jökulsá Vestri im Zeitraum 1974 bis 1986 eine durchschnittliche Suspensionskonzentration von 276 mg/l (± 488 mg/l) bei einem mittleren Abfluß zum Zeitpunkt der Probennahmen von 28,1 m^3/s (± 17,0 m^3/s), woraus sich eine mittlere Transportrate von 7,7 kg/s ergibt.

Die Werte für die durchschnittlichen Konzentrationen der einzelnen Kornfraktionen sind in Tabelle 15 aufgeführt:

Tab.15:
Die mittlere Konzentration der Korngrößen und ihre Standardabweichung. Mittelwerte 1974-1986. (Angaben in mg/l und %-Anteilen der Fraktionen an der Gesamtfracht).

	mg/l	±	%
Sand	60	132	22
Grobschluff	118	241	43
Feinschluff	78	109	28
Ton	20	33	7

Demnach entfallen auf die Grobschwebfracht im Mittel 178 mg/l, was einem Anteil von 65% entspricht und auf die Feinschwebfracht 98 mg/l, mithin 35% des gesamten Schwebstoffgehaltes.

Anhand der monatlichen Mittelwerte von Abfluß und Schwebkonzentration erscheint es trotz der geringen statistischen Relevanz des monatlichen Datenmaterials (vgl. KAISER 1972) möglich, die Tendenz des Jahresganges des fluvialen Materialtransports näherungsweise darzustellen. Die Werte finden sich in Tabelle 16 zusammengestellt.

Tab.16:

Die monatlichen Mittelwerte des Abflusses, der Schwebstoffkonzentration und der Korngrößenkomposition in der Jökulsá Vestri für den Zeitraum 1974-1986. (Angaben in m^3/s und mg/l).

		O	N	D	J	F	M	A	M	J	J	A	S
Abfluss (m^3/s)		17	16	13	15	16	12	21	38	34	28	31	26
	±	2	0	-	1	2	4	10	32	21	6	13	13
Schwebfracht (mg/l)		61	14	15	24	38	34	69	114	84	292	713	417
	±	55	4	-	4	42	22	96	251	91	302	649	818
Sand (mg/l)		14	4	3	7	18	3	16	56	17	37	157	91
Grobschluff (mg/l)		15	5	8	11	11	10	30	33	31	117	319	196
Feinschluff (mg/l)		19	5	4	6	9	20	20	23	30	102	189	105
Ton (mg/l)		14	1	0	1	1	1	3	2	6	34	49	24

Mit den niedrigen Abflüssen der Wintermonate wird auch gleichbleibend wenig Material fluvial transportiert. Erst die Schneeschmelze im April und Mai bringt erhöhte Schwebstoffkonzentrationen mit sich, wobei aber die Konzentrationssteigerung gemessen an den hohen Abflüssen unerwartet gering bleibt. Im Juni sinkt die Suspensionskonzentration noch einmal ab, während dann im Juli, August und September hohe Materialkonzentrationen ermittelt wurden.

Die Korngrößenzusammensetzung variiert sehr stark, wobei eine Tendenz zu erhöhtem Feinmaterialtransport während der Sommermonate zu erkennen ist. Im Winter hingegen setzt sich der Schweb vermehrt aus Grobschluff und Sand zusammen.

Die extrem hohen Standardabweichungen vor allem in den Sommermonaten machen die starken Werteschwankungen innerhalb der Meßergebnisse deutlich und relativieren die Aussagekraft der oben angeführten Monatsmittelwerte.

2. Die saisonale Differenzierung der Schwebfracht der Jökulsá Vestri, 1974-1986

Die vorangegangene Untersuchung des Abflußverhaltens glazialer Flüsse und hierbei vor allem die Analyse von Einzelereignissen in den extremen Abflußjahren 1984 und 1985 hat deutlich gemacht, wie stark die hydrologische Dynamik in den periglazialen Flußgebieten von klimatischen Parametern abhängig ist. Zwar liegt eine positive, z.T. enge Korrelation zwischen Abfluß und Schwebstoffkonzentration vor (vgl. Abb. 40, S. 122), dennoch zeigen u.a. die Untersuchungen von OESTREM (1967) auf Baffin Island, daß es speziell bei stark veränderlichen Abflüssen nicht möglich ist, eine einfache lineare Beziehung zwischen Abfluß und Sedimenttransport herzustellen. Vielmehr läßt sich die Menge der transportierten Schwebstoffe nach OEVERLAND (1986) als eine parametrische Funktion des Abflusses darstellen, die neben topographischen und vegetationsbedingten Einflüssen vorrangig jahreszeitliche und ereignisspezifische Faktoren beinhaltet.

Aus diesen Gründen wird im folgenden versucht, eine über die rein kalendarische Gliederung hinausgehende Einteilung des hydrologischen Jahres zu erstellen, die der hohen zeitlichen und modalen Variabilität vor allem der klimatischen Steuerungsdeterminanten gerecht wird. In Anlehnung an die auf der Wärmebilanz aufbauende Jahreszeitengliederung von OHMURA (1972) und an die von NAGEL (1979) vorgenommene Gliederung des hydrologischen Jahres anhand der Systemrelationen innerhalb periglazialer Wasserkreisläufe, werden hier innerhalb des Abflußganges der Jökulsá Vestri 3 Abflußregime klassifiziert, nämlich: das winterliche, das nivale und das glaziale Regime. Diese lassen sich wiederum in 3 bzw. 4 Regimephasen unterteilen. Bei der Analyse der Schwebstoffmessungen während der einzelnen Abflußregime wurden charakteristische Verhaltensmuster des fluvialen Materialtransports deutlich, wobei die Schwankungen der Schwebkonzentration im allgemeinen mit den saisonalen Abflußveränderungen korrespondieren. Entsprechende Beobachtungen machten JOHNSON (1985) in einem glazialen Einzugsgebiet im südwestlichen Yukon sowie OTHA (1987) im Langtang-Valley, Himalaya.

Von zahlreichen Autoren (u.a. COLLINS 1979; BOGEN 1980; OTHA 1987; DOWDESWELL 1982) wird die saisonal- oder ereignisspezifische hysteretische Kopplung zwischen der suspendierten Sedimentmenge und der Wasserführung eines Flusses betont. Dem Hysterese-Effekt entsprechend, ist der Sedimenttransport nicht nur vom momentan herrschenden Abfluß abhängig, sondern wurde bereits zu einem zurückliegenden Zeitpunkt initiiert. Um dieses allgemeine Phänomen zu berücksichtigen und weil nach den Ergebnissen der Abflußanalyse die Folgen speziell der pluvialen Ereignisse für den fluvialen Materialtransport nur anhand der Analyse der Einzelereignisse vorgenommen werden kann, wird in der folgenden saisonalen Differenzierung von Abfluß und Materialtransport besonderes Augenmerk auf die kausalen Zusammenhänge gelegt, d.h. die "Entstehungsgeschichte" von Einzelereignissen beleuchtet.

2.1. Das winterliche Abflußregime

Das winterliche Abflußregime in periglazialen Gebieten ist gekennzeichnet durch konstant niedrige Abflußmengen auf Basisabflußniveau, die im Einzugsgebiet der Jökulsá Vestri im weitaus längsten Zeitraum des hydrologischen Jahres vorherrschen. Hierbei lassen sich die frühwinterliche, die hochwinterliche und die spätwinterliche Regimephase unterscheiden.

Die insgesamt 22 Messungen zum Materialtransport der Jökulsá Vestri, die das winterliche Regime erfassen, stammen aus den Monaten Oktober bis Mai der Jahre 1975 bis 1986.

Die frühwinterliche Regimephase

Während der frühwinterlichen Regimephase weist der Abfluß insgesamt eine fallende Tendenz auf, die nur noch selten und kurzfristig von Zunahmen unterbrochen wird, die ihre Ursache

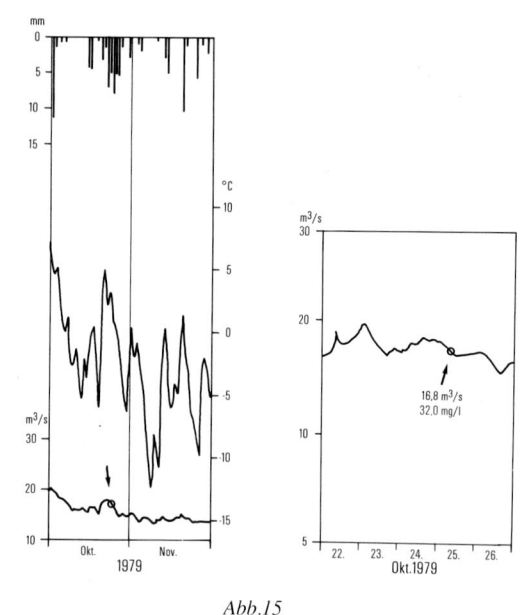

Abb.15
Die Abflußsituation in der Jökulsá Vestri sowie Temperatur und Niederschlag in Hveravellir am 25.10.1979.

in Erhöhungen der Lufttemperaturen oder in Niederschlägen haben. Je nach Bewölkungsgrad bzw. Strahlungsintensität treten noch geringe Tagesschwankungen des Abflusses auf, die bei Trockenwetterabfluß zwischen 0,4 m³/s und 0,1 m³/s liegen. Die Tagesmitteltemperaturen stiegen häufig nicht mehr über 0°C, Frostwechseltage überwiegen. Es treten auch schon längere Frostperioden auf, in denen der Abfluß auf Minimalwerte absinkt. Die Niederschläge fallen dementsprechend in Form von Regen und Schneeregen und nicht selten auch als Schnee, womit die Schneedeckenakkumulation beginnt.

Die drei aus dieser Regimephase stammenden Proben wurden bei einem mittleren Abfluß von 16,5 m³/s (± 0,2 m³/s) mit geringer Variabilität gezogen, wobei auch die Schwebstoffkonzentrationen mit durchschnittlich 26,5 mg/l (± 5 mg/l) nur wenig differieren. Die mittlere Frachtrate beträgt demnach 0,44 kg/s. In diesen geringen Schwebstoffmengen nehmen Sand und Grobschluff mit je 8 mg/l einen Anteil von jeweils 30%, Feinschluff mit 8 mg/l einen Anteil von 31% und Ton mit 2 mg/l einen Anteil von 9% an der Gesamtfracht ein.

Die höchste in dieser Regimephase gemessene Schwebstoffkonzentration von 32 mg/l wurde am **25.10.1979** um 9^{15} Uhr bei einem Abfluß von 16,8 m³/s mit leicht absinkender Tendenz erfaßt. Der Schweb setzte sich aus 17% Sand (5 mg/l), 30% Grobschluff (10 mg/l), 35% Feinschluff (11 mg/l) und 18% Ton (6 mg/l) zusammen.

Diese leicht erhöhte Schwebführung der Jökulsá Vestri ist auf die Niederschläge mit einer Gesamthöhe von 24 mm zurückzuführen, die vom 21.10. bis einschließlich 25.10. in Hveravellir registriert wurden. Da die Tagesmitteltemperaturen vom 21.10. an relativ hohe positive Werte erreichten (22.-24.10. kein Frost, 22.10. 6,8°C Tagesmaximum) konnte der Niederschlag in den tiefen Lagen in Form von Regen oder Schneeregen den Abflußgang der Jökulsá Vestri merklich beeinflussen.

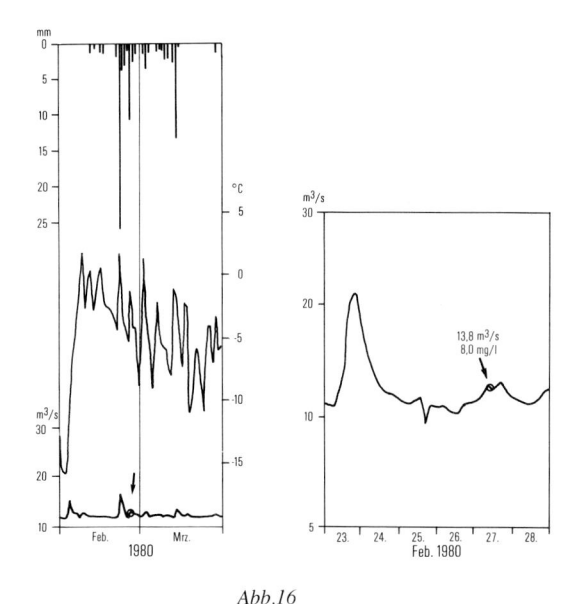

Abb.16
Die Abflußsituation der Jökulsá Vestri sowie Temperatur und Niederschlag in Hveravellir am 27.2.1980.

Die hochwinterliche Regimephase

In der hochwinterlichen Regimephase stagniert der Abfluß ohne nennenswerte Veränderungen auf dem Basisabflußniveau. Auch regelhafte tägliche Abflußschwankungen werden im allgemeinen nicht mehr registriert. Die Tagesmitteltemperaturen liegen meistens unter dem Gefrierpunkt, häufig tritt langandauernder strenger Frost auf, nur noch selten kommen Frostwechseltage vor. Die Niederschläge werden überwiegend als Schnee magaziniert.

Die zehn Schwebstoffproben, die aus dieser Regimephase stammen, wurden bei einem mittleren Abfluß von 14,5 m^3/s ($\pm$ 2 m^3/s) genommen. In ihnen wurde eine durchschnittliche Schwebstoffkonzentration von 25 mg/l ($\pm$ 19 mg/l) ermittelt, wobei sich die Suspension aus 28% Sand (7 mg/l), 34% Grobschluff (9 mg/l), 36% Feinschluff (9 mg/l) und 2% Ton (0,5 mg/l) zusammensetzt.

Die geringste Suspensionskonzentration in der hochwinterlichen Regimephase trat am **27.2.1980** auf (vgl. Abb. 16). Zuvor, am 23.2. hatte eine leichte Abflußwelle mit einem Scheitelwert von 16 m^3/s den Pegel passiert, die auf ein Niederschlagsereignis in Höhe von 26 mm bei Temperaturen von 1,4°C (Tagesmaximum bei 4,2°C) zurückzuführen ist. Bei sinkenden Frosttemperaturen geht danach der Abfluß auf Werte um 10 m^3/s bis 14 m^3/s zurück. So weist er auch zur Probenahme am 27.2.1980 um 11^{05} Uhr leichte Abwärtstendenz auf, sechs Stunden später hat er das MNQ mit 8 m^3/s erreicht. Die Messung ergab bei einem Abfluß von 13,8 m^3/s nur eine Schwebstoffmenge von 8 mg/l, die zu 20% aus Sand, zu 46% aus Grobschluff und zu 34% aus Feinschluff bestand, ohne Tonanteile zu enthalten.

Die maximale Schwebstoffkonzentration in dieser Subphase wurde kurz vor dem Scheitelpunkt einer Abflußwelle nach einem bemerkenswerten Niederschlagsereignis am 24.2.1979 gemessen (vgl. Abb. 17).

Diesem Ereignis, das mit 65 mm Niederschlag in 24 Stunden die zweithöchste im gesamten Untersuchungszeitraum registrierte Niederschlagsmenge brachte, waren fast 5 Monate mit zum Teil strengem Frost vorausgegangen. Von Oktober 1978 bis Februar 1979 lag die Mitteltemperatur bei -5,4°C, im Januar und Februar 1979 sanken die Temperaturen auf Tagesmittelwerte zwischen -10°C und -18°C, das absolute Minimum lag bei -24,1°C (31.1.1979). So konnte sich trotz relativ geringer Niederschläge (von Oktober bis Februar fielen insgesamt 306 mm Niederschlag) eine Schneedecke von durchschnittlich 72 cm Mächtigkeit aufbauen.

Während der langen Frostperiode stagnierte der Abfluß der Jökulsá Vestri bei Werten um 10 m^3/s bis 11 m^3/s (MNQ am 16.2. mit 5,3 m^3/s). Mit den einsetzenden Niederschlägen und dem Temperaturanstieg kam leichte Bewegung in den Abflußgang. Am 23.2. wurden ab 18^{00} Uhr Temperaturen über 0°C gemessen, die bis zum 24.2. um 9^{00} Uhr auf 3,1°C angestiegen waren und damit das Tagesmaximum erreichten. In diesem Zeitraum wurden in Hveravellir 44 mm Niederschlag registriert, bis 18^{00} Uhr am 24.2. weitere 20,9 mm. Die Niederschläge setzten sich bis zum Morgen des 25.2. fort, wobei bis 9^{00} Uhr nochmals 20,9 mm gemessen wurden. Die Temperaturen waren bis dahin langsam auf 1,1°C gesunken, aber erst nach Beendigung der Niederschläge fielen sie unter den Gefrierpunkt. Der Temperaturrückgang setzte sich in den nächsten Tagen verstärkt fort, so daß die Tagesmitteltemperatur nur vier Tage nach dem Niederschlagsereignis bei -14,3°C lag.

Die starken Niederschläge am 23.2. bis 25.2. von insgesamt 88 mm, lösten in der Jökulsá Vestri eine Abflußwelle aus, deren Scheitelpunkt am 25.2.1979 gegen 2^{00} Uhr mit 22,3 m^3/s den Pegel 145 passierte. Die Tagesmittelwerte des Abflusses stiegen von 11,1 m^3/s am 23.2. über 14,6 m^3/s am 24.2. auf 17,4 m^3/s am 25.2.. Mit dem wiedereinsetzenden starken Frost gehen die Abflußwerte deutlich zurück, bis am 28.2. das Basisabflußniveau von 11 m^3/s erreicht ist.

Am **24.2.1979** wurden um 10^{40} Uhr bei einem Abfluß von rund 18 m^3/s mit steigender Tendenz in der Jökulsá Vestri in kurzem Abstand zwei Suspensionsproben gezogen (vgl. Abb.17). Die erste Probe erfaßte eine Schwebstoffkonzentration von 68 mg/l, womit der mittlere Schwebstoffgehalt der hochwinterlichen Regimephase um das Dreifache überschritten wird. Die Frachtrate betrug hierbei 1,2 kg/s. Die Suspension bestand aus 33 mg/l Sand, aus 18 mg/l Grobschluff, aus 15 mg/l Feinschluff und aus 1 mg/l Ton. Die zweite Probe, die nur wenige Minuten später genommen wurde, beinhaltete eine Schwebstoffmenge von 1065 mg/l, woraus sich eine Frachtrate von 18,9 kg/s ergibt, die den mittleren Wert dieser Regimephase besonders weit übersteigt. Die Schwebmenge beinhaltete 671 mg/l Sand, 298 mg/l Grobschluff, 96 mg/l Feinschluff und 0 mg/l Ton. In der Zusammensetzung beider Proben überwogen die Grobfraktionen mit 49% bzw. 63% Sand und mit 27% bzw. 28% Grobschluff. Feinschluff stellte nur einen Anteil von 22% bzw. 9%; Ton war in der ersten Probe noch mit 2%, in der zweiten Probe gar nicht mehr vorhanden.

Das Ergebnis dieser Schwebstoffmessung macht die enorme Schwankungsbreite deutlich, die in zwei nahezu zeitgleichen Proben bei ansteigendem Abfluß auch bei winterlichen Verhältnissen auftreten kann. Ähnliche Befunde erbrachten Untersuchungen von McCANN et al. (1971) in der kanadischen Arktis. Angesichts der relativ schwachen Abflußsteigerung und der Erosionsresistenz der Bodenoberfläche des Einzugsgebiets infolge Bodenfrost und Schneeauflage ist ein Materialaustrag durch Oberflächenabspülung ausgeschlossen. Die hohen Grobmaterialanteile deuten darauf hin, daß die Sedimentquelle im Flußbett selbst zu suchen ist,

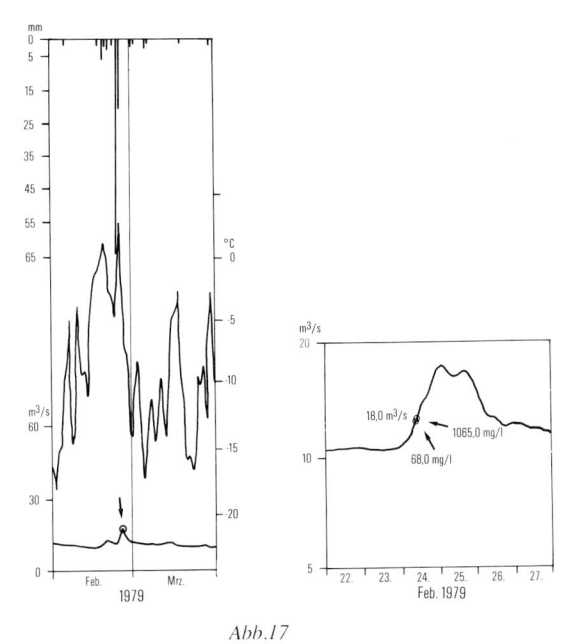

Abb.17
Die Abflußsituation der Jökulsá Vestri sowie Temperatur und Niederschlag in Hveravellir am 24.2.1979.

wie das auch FAHNESTOCK (1963) in einem periglazialen Flußgebiet der Kaskaden Nordamerikas feststellte.

Die spätwinterliche Regimephase

In der spätwinterlichen Regimephase weist die mittlere Abflußganglinie eine leicht aufsteigende Tendenz auf, die auf zahlreiche kurze Tauwetter zurückzuführen ist, deren Abflußwellen den konstant niedrigen Abflußgang unterbrechen. So treten häufiger neben Frostwechseltagen auch Tage auf, an denen der Gefrierpunkt nicht unterschritten wird. Im allgemeinen werden solche kurzen milden Phasen wieder durch Perioden strengeren Frostes abgelöst, in denen der Abfluß der Jökulsá Vestri auf Minimalwerte zurückgeht.

Auch ein leichter regelhafter Tagesgang des Abflusses ist zeitweise wieder zu beobachten. Bei Trockenwetterabfluß schwankt die tägliche Abflußmenge um 0,03 m^3/s bis 0,2 m^3/s. Die Niederschläge in dieser Zeit fallen den Temperaturen entsprechend als Schnee oder Schneeregen und beeinflussen den Abflußgang im Einzugsgebiet nur wenig. Die Schneedecke hat im Mittel nun ihre größte Mächtigkeit erreicht.

Die acht Schwebstoffproben, die aus dieser Regimephase stammen, wurden in den Monaten April und Mai bei einem mittleren Abfluß von 14,9 m^3/s (± 4,6 m^3/s) genommen und ergaben eine mittlere Schwebkonzentration von 19,9 mg/l (± 11 mg/l), was einer Transportrate von 0,29 kg/s entspricht. Die Schwebstoffe setzten sich zusammen aus 23% Sand (= 6 mg/l), aus 37% Grobschluff (= 7 mg/l), aus 33% Feinschluff (= 6 mg/l) und aus 5% Ton (= 1mg/l).

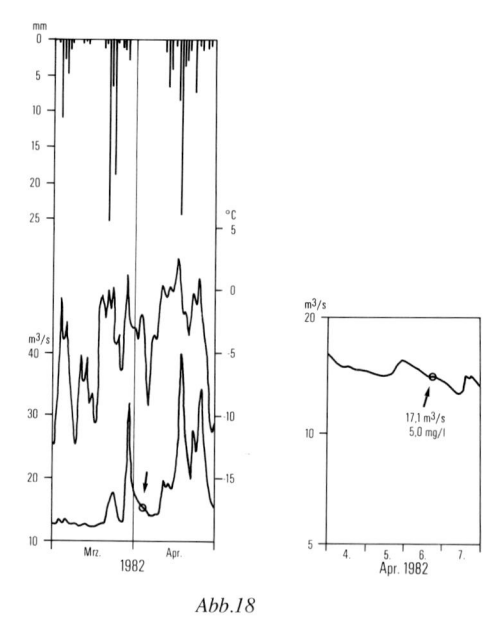

Abb.18
Die Abflußsituation der Jökulsá Vestri sowie Temperatur und Niederschlag in Hveravellir am 6.4.1980.

Die geringste Schwebstoffmenge in dieser Regimephase wurde am **6.4.1982** bei sehr stark fallendem Abfluß nach einer Abflußwelle erfaßt (vgl. Abb. 18). Am 29.3.1982 wurde in Hveravellir der Beginn eines Temperaturanstieges registriert, in dessen Verlauf am 30.3.1982 um 18^{00} Uhr mit 2,7°C das Maximum erreicht war. Diese Temperaturzunahme verursachte eine Abflußwelle, deren Scheitelpunkt am 31.3.1982 gegen 2^{00} Uhr mit 60,7 m^3/s am Pegel vhm 145 verzeichnet wurde. Nach dieser Lufterwärmung fielen die Temperaturen rasch wieder unter den Gefrierpunkt. Am 6.4. wurde um 24^{00} Uhr eine Temperatur von -10,7°C gemessen. Infolgedessen sank der Abfluß wieder sehr geringe Werte (7.4.1982 um 11^{00} Uhr NMQ mit 9,7 m^3/s). Es fiel in diesen Tagen kein nennenswerter Niederschlag. Kurz bevor der tiefste Punkt des Abflußganges erreicht war, wurde am 6.4. um 18^{15} Uhr eine Schwebstoffkonzentration von nur 5 mg/l bei einem Abfluß von 17,1 m^3/s ermittelt. Diese Schwebmenge setzte sich zu 70% aus Grobmaterial und zu 30% aus Feinschweb zusammen.

Die Messung am **27.4.1983** erfaßte einen gleichbleibend niedrigen Abfluß mit gering ausgeprägten Tagesschwankungen nach einer Periode sehr strengen Frostes (vgl. Abb. 19). Vom 16.4.1983 an lagen die Tagesmitteltemperaturen bei Werten um -7°C bis -11°C, die Minimumwerte fielen auf -13°C bis -16°C. Erst am 26.4. wurde ein leichter Temperaturanstieg auf maximal -0,5°C verzeichnet; am Tag der Probenahme betrug die Tagesmitteltemperatur -3,7°C (Tagesmaximum -0,8°C). In dem genannten Zeitraum fiel kein nennenswerter Niederschlag.

Der Tagesmittelwert des Abflusses betrug am 27.4.1983 13,6 m^3/s, was dem zum Zeitpunkt der Probenahme um 18^{55} Uhr herrschenden Abfluß entspricht. Die Schwebstoffkonzentration lag in dieser Probe bei 37 mg/l und stellt hiermit den höchsten Wert dieser Regimephase dar. Die Korngrößenanalyse ergab eine Verteilung von 15% Sand (6 mg/l), von 32% Grobschluff (12 mg/l), von 45% Feinschluff (17 mg/l) und von 8% Ton (3 mg/l).

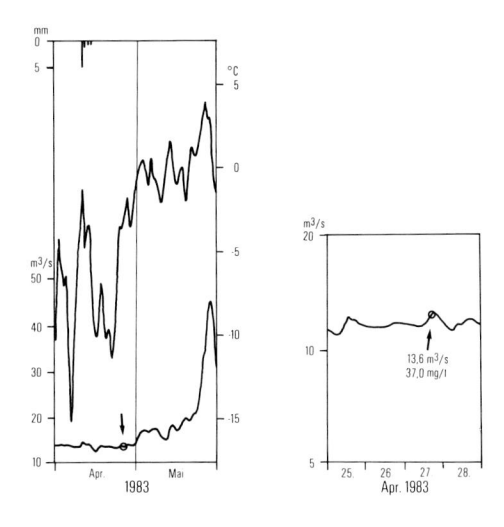

Abb.19
Die Abflußsituation der Jökulsá Vestri sowie Temperatur und Niederschlag in Hveravellir am 27.4.1983.

2.2. Das nivale Abflußregime

Die insgesamt 24 Sedimentfrachtmessungen, die das nivale Abflußregime der Jökulsá Vestri betreffen, stammen aus den Monaten April, Mai und Juni der Jahre 1976 bis 1986.

Wie der vorangegangenen Abflußanalyse zu entnehmen ist, variiert die Hydrodynamik der nivalen Abflüsse in Abhängigkeit vom Verlauf der Schneeschmelze. Hierbei lassen sich die frühnivale, die hochnivale, die spätnivale und die postnivale Regimephase unterscheiden. Entsprechend der Höhe und Andauer der Energieeingabe vollzieht sich die Schneeschmelze im Einzugsgebiet der Jökulsá Vestri entweder sehr schnell und ruckartig, oder sie verläuft langsamer über mehrere Wochen. Im ersten Fall wird das nivale Hochwasser am Pegel vhm 145 in Form einer extremen Hochwasserwelle dokumentiert, die nur einige Tage andauert; im zweiten Fall durchlaufen mehrere weniger stark ausgeprägte Abflußwellen den Pegel, so daß vor allem die früh- und die spätnivale Phase deutlicher erkennbar sind. Im allgemeinen werden innerhalb des sehr kurzen Zeitraumes der nivalen Hochwässer die höchsten Abflußspitzen des hydrologischen Jahres registriert.

Die frühnivale Regimephase

Während der frühnivalen Regimephase weist die mittlere Abflußkurve eine deutlich steigende Tendenz auf. Die Abflußschwankungen sind in dieser Phase extrem hoch, da sich die Schneeschmelzhochwässer häufig in mehreren Wellen vollziehen, zwischen denen der Abfluß wieder deutlich absinkt. Der Tagesgang des Abflusses ist in dieser Phase mit einer Amplitude von 10 m^3/s bis 50 m^3/s sehr stark ausgeprägt. In extremen Fällen kann der Abfluß innerhalb von 24 Std. um 80 bis 100 m^3/s variieren. Die Tagesmitteltemperaturen liegen in dieser frühen Schneeschmelzphase nur wenig über dem Gefrierpunkt, Frostwechseltage dominieren. Die Niederschläge fallen in Form von Schneeregen oder Regen. Die positiven Temperaturen verursachen eine Veränderung der Kristallstruktur des Schnees und der zunächst langsame Abbau der in den Vormonaten akkumulierten Schneedecke beginnt. Während dieser Reifephase der Schneedecke, die in Abhängigkeit von Höhenlage und Exposition wenige Tage bis zu mehreren Wochen dauert, können Regenfälle auf und in die Schneedecke hinein innerhalb von Stunden zu erhöhter Schmelzwasserabgabe führen, wie auch Untersuchungen von RAU (1986) belegen.

Die dreizehn, in dieser Regimephase gezogenen, Schwebstoffproben stammen aus den Monaten April, Mai und Juni der Jahre 1976 bis 1986. Zum Zeitpunkt der Messungen herrschte ein mittlerer Abfluß von 28,4 m^3/s ($\pm$ 9,5 m^3/s). Die Auswertung der Proben ergab eine mittlere Schwebstoffkonzentration von 92,8 mg/l, wobei die hohe Standardabweichung von $\pm$ 92 mg/l die große Variabilität der Abflußmengen verdeutlicht. Es ergibt sich also für die frühnivale Phase eine Transportrate der Jökulsá Vestri von durchschnittlich 2,6 kg/s. In der Schwebstoffmenge nahm die Grobschwebfracht mit 29% Sand und 38% Grobschluff gegenüber der Feinschwebfracht (29% Feinschluff und 3% Ton) den größten Anteil ein.

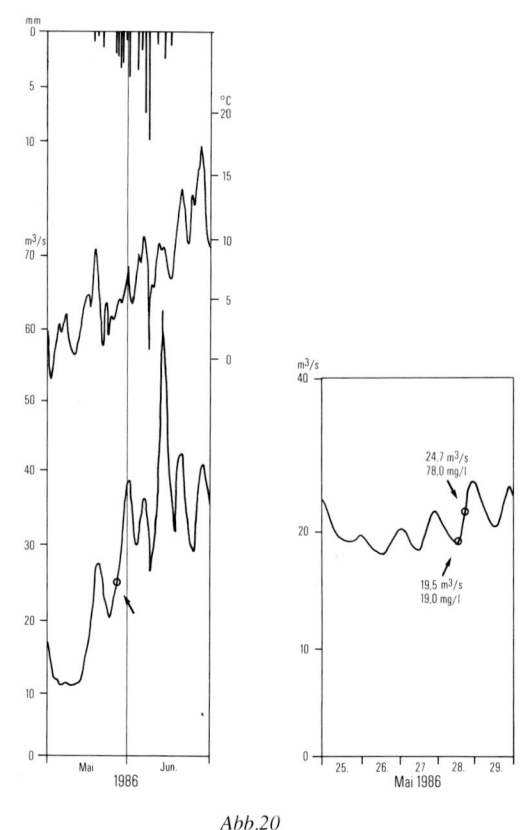

Abb.20
Die Abflußsituation der Jökulsá Vestri sowie Temperatur und Niederschlag in Hveravellir am 28.5.1986.

Die Probenahme am **28.5.1986** erfaßte den Abfluß in der frühnivalen Phase (vgl. Abb. 20). Mitte Mai 1986 setzte das nivale Hochwasser im Einzugsgebiet der Jökulsá Vestri besonders langsam ein, da die Temperaturzunahme nur sehr zögernd verlief, die Tagesmitteltemperaturen nur wenig über den Gefrierpunkt stiegen und nicht selten wieder Nachtfröste auftraten. Nach einer ersten Flutwelle am 21.5.86 mit einem Tagesmittelwert von 27,1 m^3/s ging der Abfluß wieder auf 18,9 m^3/s (26.5.86) zurück. Nennenswerte Niederschläge fielen in diesen Tagen nicht.

Erst eine erneute Temperaturzunahme ab 27.5.86 auf Tagesmitteltemperaturen von 1°C bis 2°C sorgte für einen Abflußanstieg, der von sehr deutlich ausgeprägten Tagesschwankungen begleitet war. Am 28.5.86 wurden bei stark zunehmendem Abfluß zwei Proben gezogen. Die erste, um 12^{45} Uhr, erfaßte den Abfluß bei 19,5 m^3/s direkt nach dem Tagesminimum. In dieser Messung wurde eine Schwebmenge von 19 mg/l ermittelt, die sich aus 23% Sand (4 mg/l), aus 30% Grobschluff (6 mg/l), aus 41% Feinschluff (8 mg/l) und aus 4% Ton (1 mg/l) zusammensetzte. Die Transportrate betrug 0,37 kg/s.

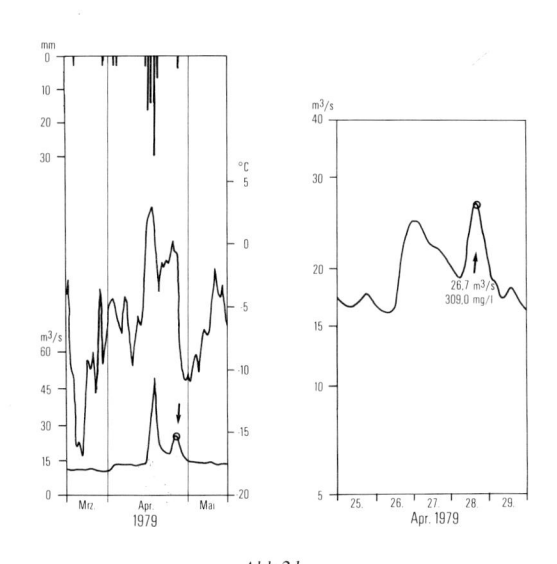

Abb.21
Die Abflußsituation der Jökulsá Vestri sowie Temperatur und Niederschlag in Hveravellir am 28.4.1979.

Die zweite Probe wurde um 19^{45} Uhr entnommen, ungefähr 4 Stunden bevor in der Jökulsá Vestri mit 32,8 m^3/s das tägliche Abflußmaximum erreicht war. Zu diesem Zeitpunkt war der Abfluß auf 24,7 m^3/s angestiegen und die Schwebkonzentration betrug 78 mg/l. Die Transportrate hatte sich demnach auf 1,93 kg/s erhöht. In dieser Probe befanden sich 12 mg/l Sand, 30 mg/l Grobschluff, 33 mg/l Feinschluff und 2 mg/l Ton. Im Vergleich zur ersten Messung war der Grobschluffanteil also leicht auf Kosten des Sandanteils (16%) auf 39% gestiegen, die Feinschluff- und Tonanteile blieben nahezu gleich.

Die höchste in der frühnivalen Regimephase gemessene Schwebstoffkonzentration trat am **28.4.1979** auf (vgl. Abb. 21). In den vorangegangenen Tagen waren die Mitteltemperaturen von -3,3°C (24.4.) unter Zunahme der Frostwechselhäufigkeit auf 0,5°C am 26.4. gestiegen. Am 28.4.1979 betrug die Höchsttemperatur 2,4°C. In Hveravellir wurden ab 26.4. geringe Niederschläge verzeichnet.

Die Probenahme erfolgte kurz nach der Kumulation einer nivalen Vorflut. Auch das tägliche Abflußmaximum von 28 m^3/s war zum Zeitpunkt der Messung um 17^{10} Uhr gerade überschritten. Der Abfluß betrug noch 26,7 m^3/s, die Schwebkonzentration erreichte 309 mg/l, die Transportrate 8,25 kg/s. Der mit 8% (25 mg/l) relativ geringe Sandanteil in dieser Probe dürfte auf die abnehmende Fließgeschwindigkeit zurückzuführen sein. Entsprechende Befunde teilen SUNDBORG (1956) und NOVAK (1981) mit. Die größten Anteile nahmen Grobschluff mit 52% (161 mg/l) und Feinschluff mit 36% (111 mg/l) an der Gesamtfracht ein. Ton war nur mit 4% (12 mg/l) vertreten.

Die hochnivale Regimephase

Mit vier Schwebstoffmessungen wurden die meist nur wenige Tage andauernden hochnivalen Abflüsse der Jökulsá Vestri erfaßt. In dieser Regimephase treten die absoluten Spitzenabflüsse des hydrologischen Jahres auf. Im allgemeinen verläuft die hochnivale Phase in einzelnen kurzen Hochwasserwellen, zwischen denen der Abfluß in Abhängigkeit von Temperaturrückgängen unterschiedlich weit absinkt. Die Tagesmitteltemperaturen in Hveravellir liegen in den betreffenden Zeiträumen im Mittel bei 3°C bis 5°C; nur selten treten noch Nachtfröste auf. Die Tagestemperaturamplitude ist häufig sehr groß, dementsprechend deutlich ist auch der Tagesgang des Abflusses ausgeprägt. Innerhalb von 24 Stunden kann der Abflußwert der Jökulsá Vestri um 100 m^3/s bis 120 m^3/s variieren. Angesichts des sehr lebhaften Abflußgeschehens während der hochnivalen Phase läßt sich ein Einfluß der Regenfälle von meist mittlerer Ergiebigkeit auf den Abfluß der Jökulsá Vestri kaum ausmachen.

Die Schwebstoffmessungen, die in der Jökulsá Vestri in der hochnivalen Phase bei einem mittleren Abfluß von 91,8 m^3/s (± 15,5 m^3/s) durchgeführt wurden, ergaben eine durchschnittliche Schwebkonzentration von 354 mg/l (± 339 mg/l), was einer mittleren Transportrate von 32,5 kg/s entspricht. Die mittlere Korngrößenverteilung betrug: 51% Sand, 30% Grobschluff, 18% Feinschluff und 1% Ton.

Den mit Abstand höchsten Wert in dieser kleinen Probengruppe stellt das Ergebnis der Messung am **9.5.1978** dar (vgl. Abb. 22). Nach zwei nur schwach ausgeprägten frühnivalen Abflußwellen im April ging der Abfluß jeweils wieder auf sehr geringe Werte um 15 - 20 m^3/s zurück. Anfang Mai trat noch einmal relativ starker Frost mit Minimumtemperaturen von -7,4°C (3.5.78) auf, worauf der Abfluß der Jökulsá Vestri auf das Basisabflußniveau von 12 m^3/s (4.5.) sank. Ein Temperatursprung am 5.5. von -2,8°C (9^{00} Uhr) auf 2,1°C (24^{00} Uhr) und die weitere gleichmäßige Temperaturerhöhung der folgenden Tage auf 6,8°C am 7.5. (15^{00}) Uhr bewirkten ein ruckartiges Einsetzen des nivalen Hochwassers.

Am 6.5. gegen 12^{00} Uhr begann der Abfluß deutlich zu steigen, stagnierte am 7.5. von 0^{00} Uhr bis 12^{00} Uhr mit leicht absinkender Tendenz bei 25 m^3/s und schnellte dann innerhalb von 32 Stunden um rund 155 m^3/s auf ca. 170 m^3/s am 8.5. hoch. Am 9.5.1978 ging der Abfluß der Jökulsá Vestri gegen 8^{00} Uhr im Zuge der Tagesschwankungen auf 94 m^3/s zurück und erreichte dann das Tagesmaximum gegen 18^{00} Uhr mit 203 m^3/s.

Nennenswerte Niederschläge waren während dieses Hochwasserereignisses nicht gefallen. Schon am 11.5.1978 setzte wieder leichter Nachtfrost ein, so daß aufgrund der niedrigen Temperaturen dieser nivale Spitzenabfluß beendet war.

Die Schwebstoffmessung am 9.5.1978 erfaßte um 14^{10} Uhr mit 115 m^3/s den aufsteigenden Tagesabfluß und ergab eine Schwebkonzentration von 859 mg/l, woraus sich eine Transportrate von 98,79 kg/s ermitteln läßt. Die Schwebstoffmenge bestand zu 61% aus Sand (524 mg/l) und zu 25% aus Grobschluff (215 mg/l). Der Feinmaterialanteil betrug nur 13% Feinschluff (112 mg/l) und 1% Ton (9 mg/l).

Ein Beispiel für ein relativ langsam ablaufendes nivales Hochwasser bietet das Abflußgeschehen im Mai/Juni 1983, in dessen Verlauf die Schwebfracht der Jökulsá Vestri am **8.6.1983** erfaßt wurde (vgl. Abb. 23). Anfang Mai 1983 begannen die Temperaturen (den Messungen in Hveravellir zufolge) langsam zu steigen, wobei tagsüber der Gefrierpunkt um 0,4°C bis 3,2°C überschritten wurde, während nachts noch Fröste von -0,2°C bis -4,7°C auftraten. Infolge dieser Temperaturschwankungen setzten sehr regelhafte Tagesabflußschwankungen bei leicht aufsteigender Tendenz ein. Bis Mitte Mai hatte sich der Abfluß vom Basisniveau (10 m^3/s) langsam auf 22 m^3/s erhöht. Am 26.5. erreichte eine Vorflutwelle den Pegel vhm 145, deren Maximum am 29.5. gegen 20^{00} Uhr mit 61,4 m^3/s registriert wurde.

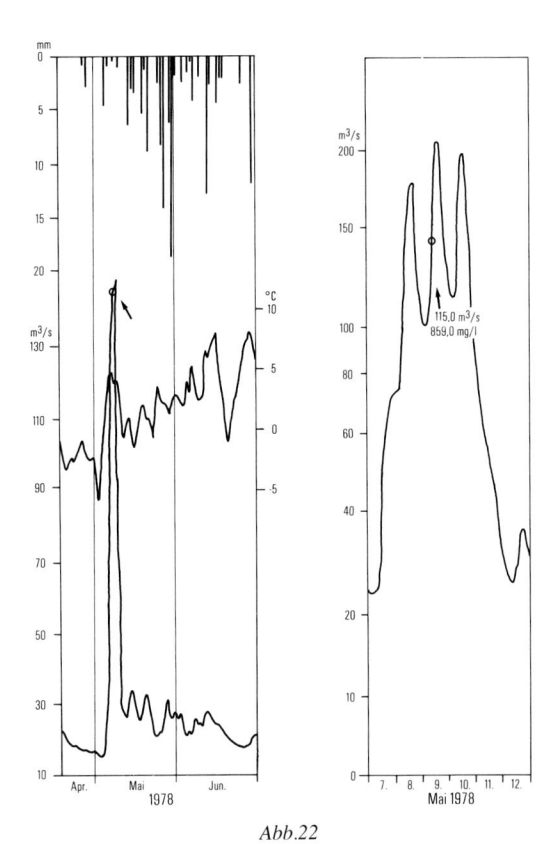

Abb.22
Die Abflußsituation der Jökulsá Vestri sowie Temperatur und Niederschlag in Hveravellir am 9.5.1978.

Die ab 31.5. wieder auftretenden Fröste ließen den Abfluß auf 22,8 m^3/s (NMQ am 2.6.) sinken. Erst ab 3.6.1983 lagen die Temperaturen wieder konstant über dem Gefrierpunkt. Bis 8.6.1983 wiesen sie deutliche Tagesamplituden mit ansteigender Tendenz auf, wobei die Minima in den frühen Morgenstunden zwischen 3^{00} und 6^{00} Uhr bei 2,0°C, die Maxima zwischen 15^{00} und 18^{00} Uhr bei 5,0°C lagen.

Von 24^{00} Uhr bis 8^{00} Uhr am 5.6. stagnierte der Abfluß bei ca. 34 m^3/s, um dann bis 20^{00} Uhr um rund 100 m^3/s auf 134 m^3/s ruckartig anzusteigen. Am 6.6. war um 21^{00} Uhr mit 163 m^3/s der Scheitelpunkt dieser Hochwasserwelle erreicht. Danach ging der Abfluß langsam zurück, wobei die Tagesschwankungen in Höhe von 30 m^3/s bis 50 m^3/s variierten. Am 8.6. stieg der Abfluß vom Tagesminimum gegen 10^{00} Uhr von rund 61 m^3/s um ca. 40 m^3/s auf 100 m^3/s zum Tagesmaximum gegen 20^{00} Uhr.

Vom 1.6. an wurden in Hveravellir leichte bis mittlere Regenfälle zwischen 0,1 mm bis 6 mm Höhe verzeichnet, die aber den Abflußgang der Jökulsá Vestri nicht erkennbar beeinflußten.

Am 8.6.1983 um 18^{15} Uhr und 18^{25} Uhr wurden Suspensionsmessungen durchgeführt, also rund 46 Stunden nachdem der Scheitelpunkt der nivalen Hochwasserwelle den Pegel durchlaufen hatte und der Abfluß fallende Tendenz aufwies. Dennoch erbrachte die zweite Schwebmessung gegenüber der ersten Messung eine deutlich erhöhte Schwebkonzentration. Diese Tatsache ist auf die täglichen Abflußschwankungen zurückzuführen, infolge derer sich der Abfluß zum Zeitpunkt der Probenahmen im Anstieg befand. Aufgrund der kurzen zeitlichen Abfolge von 10 Minuten erbrachten die Abflußmessungen bei der Probenahme jeweils den gleichen Abflußwert von 84 m^3/s.

Die erste Suspensionsprobe (18^{15} Uhr) erfaßte eine Schwebstoffkonzentration von 153 mg/l, die sich zu 30% aus Sand (46 mg/l), zu 43% aus Grobschluff (66 mg/l), zu 26% aus Feinschluff (40 mg/l) und zu 1% aus Ton (2 mg/l) zusammensetzte. In der zweiten Messung hatte sich die Schwebkonzentration auf 253 mg/l erhöht. Der Sandanteil ist auf Kosten der übrigen Korngrößen um 16% auf 46% (108 mg/l) gestiegen; Grobschluff nimmt noch einen Anteil von 32% (75 mg/l), Feinschluff von 22% (52 mg/l) ein. Ton konnte nicht mehr festgestellt werden.

Die spätnivale Regimephase

Der spätnivalen Regimephase werden diejenigen Abflüsse zugeordnet, die sich direkt im Anschluß an die hochnivalen Abflußspitzen ereignen. In dieser Regimephase, die meist in die Zeit Mitte Mai bis Mitte Juni fällt, sinkt der Abfluß der Jökulsá Vestri sehr stark ab, wobei noch einzelne nivale Abflußwellen verzeichnet werden. Diese treten vermehrt in den Jahren mit langsam verlaufender Schneeschmelze auf.

Die täglichen Abflußschwankungen sind sehr unterschiedlich stark ausgeprägt: Im Untersuchungszeitraum variierte der Abfluß um 4 m^3/s bis zu 40 m^3/s am Tag. Die in Hveravellir verzeichneten Tagesmitteltemperaturen liegen im allgemeinen mit 5°C deutlich über dem Gefrierpunkt und weisen ansteigende Tendenz auf. Allerdings sinken die Temperaturen nachts nicht selten noch einmal auf Werte um bzw. unter den Nullpunkt, was jeweils ein rapides Absinken der Abflußwerte zur Folge hat.

Im Untersuchungszeitraum sind in Hveravellir während dieser Regimephase keine stärkeren Niederschläge verzeichnet worden. Die mittleren und geringen Niederschläge wirken sich auf den Abflußgang der Jökulsá Vestri unterschiedlich stark aus.

Der Schwebstofftransport der Jökulsá Vestri während der spätnivalen Regimephase wird durch neun Proben aus den Monaten Mai und Juni der Jahre 1979 bis 1986 erfaßt, die bei einem mittleren Abfluß von 29,4 m^3/s (± 11,2 m^3/s) gezogen wurden. In ihnen wurde eine mittlere Schwebstoffkonzentration von 29,8 mg/l ermittelt, wobei sich die Suspension aus 12% Sand, aus 36% Grobschluff, aus 45% Feinschluff und aus 7% Ton zusammensetzte.

Die mit Abstand höchste Schwebstoffkonzentration wurde mit der Probe am **6.6.1979** gegen Ende einer späten und kurzen Schneeschmelzperiode mit extremen Abflußspitzen erfaßt (vgl. Abb. 24). Im Frühjahr 1979 lagen die Tagesmitteltemperaturen lange konstant unter dem Gefrierpunkt. Noch der Mai 1979 weist eine Monatsmitteltemperatur von -4,5°C auf und ist damit der kälteste Mai im Untersuchungszeitraum. Diese langandauernde Frostperiode wurde von einem sprunghaften Temperaturanstieg Ende Mai/Anfang Juni beendet. Erst am 24.5.1979 wurden erstmals positive Tageshöchsttemperaturen gemessen, am 2.6. lag die Tagesmitteltemperatur bereits bei 4,6°C, mit einem Tagesmaximum von 6,2°C. Die Schneeschmelze begann dementsprechend ruckartig: Am 31.5.1979 gegen 10^{00} Uhr wurde ein Abflußwert von 26 m^3/s registriert, der sich bis 21^{00} Uhr auf 86 m^3/s gesteigert hatte. Schon am 4.6.79 um 21^{00} Uhr war der Scheitelpunkt des nivalen Hochwassers mit 254 m^3/s erreicht. Im Laufe der

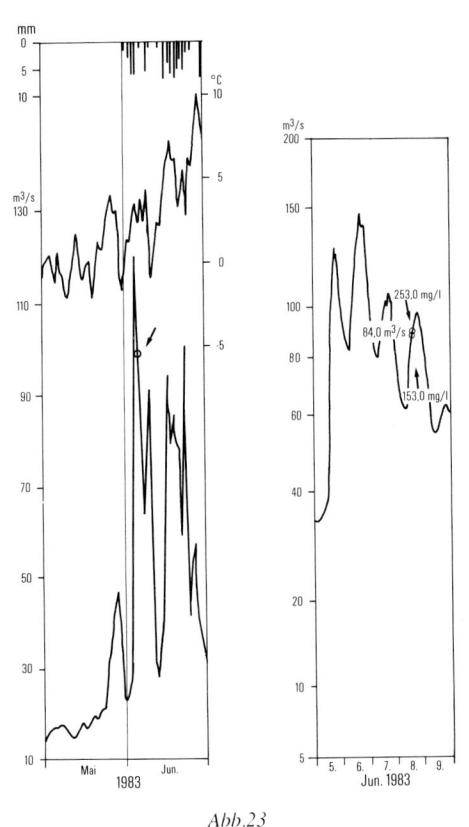

Abb.23
Die Abflußsituation der Jökulsá Vestri sowie Temperatur und Niederschlag in Hveravellir am 8.6.1983.

sehr regelhaften extrem hohen Tagesschwankungen dieses Hochwassers von 40 m^3/s bis 160 m^3/s traten die Tagesminima zwischen 8^{00} Uhr und 12^{00} Uhr auf, die höchsten Abflüsse des Tages zwischen 18^{00} und 24^{00} Uhr. Am 3.6. wies der sonst regelhaft variierende Tagesabflußgang eine durch Niederschläge hervorgerufene Störung auf: Am 2.6. wurde in Hveravellir ein mittlerer Niederschlag von über 8 mm registriert. Am 3.6. sank der Abfluß nicht wie üblich in den frühen Morgenstunden ab, sondern blieb konstant hoch auf Werten um 140 m^3/s, so daß an diesem Tag der höchste mittlere Abfluß von 204 m^3/s ermittelt wurde.

Obwohl die Tagesmitteltemperaturen bis zum 14.6.1979 weiterhin relativ konstant bei Werten um 5°C lagen, ging der Abfluß nach dem 4.6. rapide zurück. Die Schneeschmelze war weitgehend abgeschlossen. Die hochnivale Phase mit den absoluten Spitzenabflüssen hatte somit nur rund 5 Tage angedauert.

Als am 6.6.1979 die Jökulsá Vestri beprobt wurde, war der mittlere Tagesabfluß bereits auf 70 m^3/s zurückgegangen. Der Abflußwert stieg von 45 m^3/s gegen 12^{00} Uhr auf 100 m^3/s gegen 22^{00} Uhr. Zum Zeitpunkt der Probenahme um 16^{20} Uhr wurde ein Abfluß von 53,6 m^3/s mit stark ansteigender Tagestendenz erfaßt. Die gemessene Schwebstoffkonzentration betrug 79 mg/l. Sie setzte sich zusammen aus 21% Sand (17 mg/l), aus 38% Grobschluff (30 mg/l), aus 36% Feinschluff (28 mg/l) und aus 5% Ton (4 mg/l).

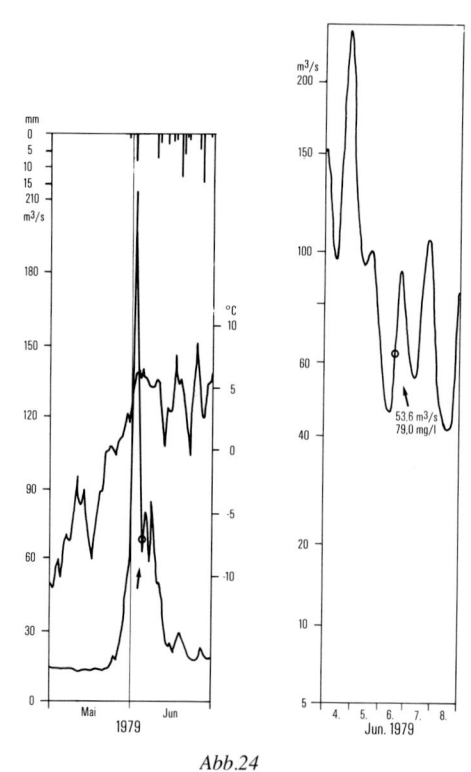

Abb.24
Die Abflußsituation der Jökulsá Vestri sowie Temperatur und Niederschlag in Hveravellir am 6.6.1979.

Eine andere Situation bestand zum Zeitpunkt der Schwebmessungen vom **2.6.1982** und **11.6.1982** (vgl. Abb. 25): In deutlichem Gegensatz zu der nur wenige Tage dauernden Schneeschmelze des Jahres 1979 mit einem entsprechend ruckartigen und kurzen nivalen Hochwasser verlief der Abbau der Schneedecke im Frühjahr 1982. Schon im relativ milden Februar mit einer Monatsmitteltemperatur von -2,2°C hatte es in Verbindung mit positiven Temperaturen einige Abflußwellen gegeben. Bis Anfang Mai waren in Tauwetterperioden drei nivale Hochwasserwellen aufgetreten, deren Abflußspitzen mit 50 m^3/s bis 100 m^3/s weit unter der für die hochnivalen Phase üblichen Menge lagen. Zwischen diesen Abflußwellen ging der Abfluß aufgrund niedriger Temperaturen jeweils wieder auf Werte um 10 m^3/s bis 15 m^3/s zurück. Die Temperaturanstiege wurden meist von Niederschlägen in Höhen von ca. 20 mm begleitet. In den Frostperioden mit Temperaturen bis -10°C verzeichnete die Schneedecke allerdings wegen nur geringer Schneefälle kaum Zuwachs.

Ab 30.5.1982 wurde in Hveravellir eine 5-tägige Periode mit mittleren Niederschlägen zwischen 3 mm und 16 mm pro 24 Std. registriert. Zwischen 18^{00} Uhr am 31.5. und 9^{00} Uhr des 1.6. fielen in Hveravellir 16,2 mm Niederschlag.

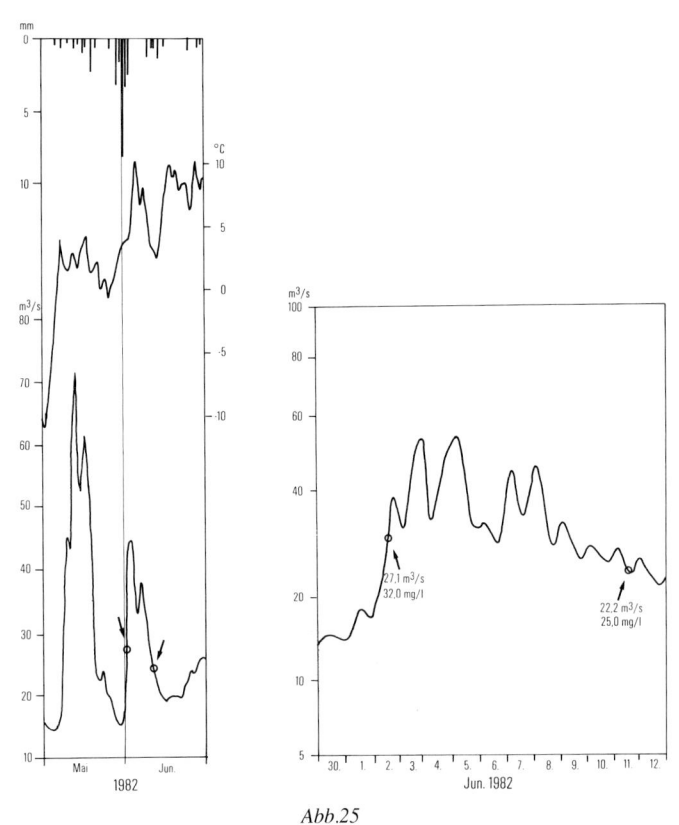

Abb.25
Die Abflußsituation der Jökulsá Vestri sowie Temperatur und Niederschlag in Hveravellir am 2.6. und 11.6.1982.

Die Temperaturen, die sich zu dieser Zeit um 2°C bewegten, erreichten um 15^{00} Uhr des 1.6. 4,4°C. Am 2.6. trat in den frühen Morgenstunden Frost von -0,2°C auf, um 15^{00} Uhr wurde die Tageshöchsttemperatur mit 7,2°C gemessen.

Das Niederschlagsereignis bewirkte in Verbindung mit dem Wiederanstieg der Temperaturen in der Jökulsá Vestri eine Abflußwelle mit einem maximalen Tagesmittelwert von 47,3 m^3/s am 4. Juni. Das Einsetzen der Niederschläge verhinderte einen Rückgang des Abflusses in der Nacht vom 1. auf den 2. Juni 1982, so daß ab 0^{00} Uhr der Abfluß von 16 m^3/s auf ca. 42 m^3/s um 20^{00} Uhr anstieg. Als am 2.6.1982 um 15^{35} Uhr die Schwebstoffkonzentration gemessen wurde, hatte der Abfluß einen Wert von 27,1 m^3/s erreicht. Die Probe erfaßte eine Konzentration von 32 mg/l mit 4% Sand (1 mg/l), mit 30% Grobschluff (10 mg/l), mit 40% Feinschluff (13 mg/l) und einem ungewöhnlich hohen Tonanteil von 26% (8 mg/l).

Die Abflußwelle erreichte am 5.6.1982 mit 56 m^3/s ihren Scheitelpunkt und ebbte langsam ab bis auf Werte um 20 m^3/s (15.6.), wobei die Tagesschwankungen, die während der Abflußzunahme um 20 m^3/s lagen, auf Werte um 2-4 m^3/s zurückgingen. Die Schwebstoffprobe am 11.6.1982 um 12^{10} Uhr erfaßte sowohl die absteigende Abflußwelle als auch den täglichen Abflußgang kurz vor ihrem Minimum. Bei einem Abflußwert von 22,2 m^3/s wurde in der Jökulsá Vestri eine Schwebkonzentration von 25 mg/l ermittelt. Die Korngrößenanteile verteilten sich auf 7% Sand (2 mg/l), auf 37% Grobschluff (9 mg/l), auf 52% Feinschluff (13 mg/l) und auf 4% Ton (1 mg/l).

Die postnivale Regimephase

Die Schneeschmelze im Einzugsgebiet der Jökulsá Vestri ist im allgemeinen Mitte bis Ende Juni abgeschlossen. Obwohl die Tagesmitteltemperaturen in Hveravellir zu dieser Zeit bei

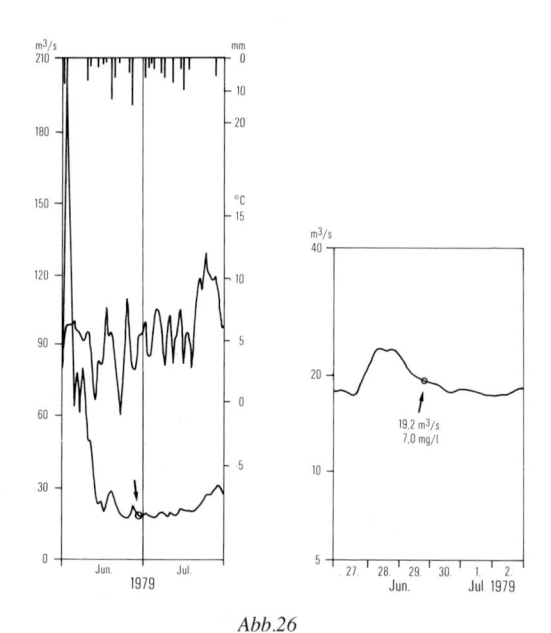

Abb.26
Die Abflußsituation der Jökulsá Vestri sowie Temperatur und Niederschlag in Hveravellir am 29.6.1979.

durchschnittlich 4°C bis 6°C mit ansteigender Tendenz liegen, wobei nur noch sehr selten Nachtfröste auftreten, fällt der Abfluß der Jökulsá Vestri bzw. stagniert bei relativ niedrigen Werten um 20 m^3/s bis 25 m^3/s. Auch der Tagesabflußgang weist nur minimale Ausprägung auf, obwohl die Tagestemperaturamplitude 6°C bis 8°C, in Einzelfällen 10°C beträgt.

Offensichtlich reicht also der Energieeintrag Mitte Juni/Anfang Juli noch nicht aus, um nach Beendigung der Schneeschmelze im Einzugsgebiet die abflußwirksame Gletscherablation zu initiieren. In dieser Phase relativer Abflußruhe zwischen nivalem und glazialem Regime werden Abflußwellen meist im Zusammenhang mit pluvialen Ereignissen registriert.

Die fünf aus dieser Phase stammenden Proben zur Schwebstoffkonzentration wurden bei einem mittleren Abfluß von 21,9 m^3/s (± 3,6 m^3/s) gezogen. In ihnen wurde eine konstant geringe mittlere Schwebkonzentration von nur 11,4 mg/l (± 3,6 mg/l) nachgewiesen. Die Suspension setzte sich aus 18% Sand, aus 27% Grobschluff, aus 48% Feinschluff und aus 7% Ton zusammen.

Ein typisches Beispiel für die hydrologischen Vorgänge in dieser Phase bietet der Juni 1979 mit der Schwebmessung am **29.6.1979** (vgl. Abb. 26). Die nivalen Abflußspitzen des Jahres 1979 hatten sich Ende Mai/Anfang Juni ereignet. Bis zum 14. Juni 1979 war die Hochwasserwelle endgültig abgeebbt, die Tagesmittelwerte des Abflusses lagen nur noch zwischen 16 m^3/s und 25 m^3/s, ohne nennenswerte Schwankungen aufzuweisen. Am 20.6. und 28.6. passierten zwei kleinere Abflußwellen von 30 m^3/s bzw. 24 m^3/s (Tagesmittelwert) den Pegel vhm 145, die beide auf Niederschläge mittlerer Ergiebigkeit im Einzugsgebiet zurückzuführen sind: In Hveravellir wurden am 20.6. 12,6 mm und am 27./28.6. 18,6 mm Niederschlag registriert.

Am 29.6.1979 wurde bei der Messung der Suspensionskonzentration in der Jökulsá Vestri um 21^{15} Uhr bei sinkendem Abfluß von 19,2 m^3/s eine nur geringe Schwebmenge von 7 mg/l festgestellt, die zu 57% aus Feinschluff (4 mg/l) bestand. Sand (1 mg/l) nahm 14% ein, der Grobschluff (2 mg/l) machte 28% aus. Ton war nicht vertreten.

2.3. Das glaziale Abflußregime

Im Hoch- und Spätsommer, wenn der Hofsjökull die Hauptspeisungsquelle der Jökulsá Vestri darstellt, wird das Abflußverhalten in erster Linie durch die Gletscherablation gesteuert. Für diese wiederum ist nach Angaben von BJÖRNSSON (1972) zu 55% Einstrahlung, zu 30% fühlbare Wärme und zu 15% latente Wärme verantwortlich. Dementsprechend bestimmt auch in diesem Regime indirekt der Temperaturgang als Indikator für die zugeführte Schmelzenergie den Abfluß der Jökulsá Vestri.

Wie die nivale Phase kann auch das glaziale Abflußregime von Jahr zu Jahr stark differieren. GOKHMAN (1987) macht den temperaturbedingten Zustand intra- und supraglazialer Entwässerungsbahnen für einen schnellen oder langsamen Verlauf des glazialen Abflußregimes verantwortlich. Die drei im folgenden unterschiedenen Regimephasen - die frühglaziale, die hochglaziale und die spätglaziale Regimephase - ergeben sich aus dem Gang der Ablation und aus der Verzögerung, die durch den Weg des Schmelzwassers im gletscherinternen Entwässerungssystem entsteht (vgl. STENBORG 1970; RAISWELL & THOMAS 1984).

Mit insgesamt 50 Proben aus den Monaten Juni bis Oktober der Jahre 1974 bis 1986 stammt die Hälfte aller in diese Untersuchung eingehenden Suspensionsmessungen aus dem glazialen Abflußregime, das außer der langen winterlichen Abflußruhe den längsten Zeitraum des hydrologischen Jahres einnimmt.

Die frühglaziale Regimephase

Die Zufuhr glazialen Wassers, erkennbar an der zunehmenden hellen Trübung durch die sog. Gletschermilch, setzt in der Jökulsá Vestri ein, wenn in Hveravellir Tagesmitteltemperaturen um 6°C bis 8°C erreicht werden und nimmt mit steigenden Temperaturen zu. In Einzelfällen werden in Hveravellir auch Tageswerte über 10°C ermittelt.

Dementsprechend ist die frühglaziale Regimephase gekennzeichnet durch eine meist kontinuierliche leichte Zunahme der Abflußmenge, wobei die Tagesgänge des Abflusses mit einer Amplitude um 0,5 m^3/s bis 5 m^3/s noch relativ gering sind.

Während des Untersuchungszeitraumes wurden in dieser Phase in Hveravellir nur unregelmäßig geringe bis mittlere Regenfälle registriert, die sich aufgrund der erhöhten Versickerungsanteile selten erkennbar im Abflußgang niederschlagen.

Der Schwebfrachttransport der Jökulsá Vestri während der frühglazialen Regimephase wird durch 17 Meßergebnisse aus der Zeit von Ende Juni bis Ende Juli der Jahre 1975 bis 1986 repräsentiert. Bei einem mittleren Abfluß von 27,2 m^3/s (± 5,4 m^3/s) wurde eine durchschnittliche Schwebkonzentration von 280 mg/l (± 289 mg/l) ermittelt. Die Suspension setzt sich im Mittel aus 14% Sand, aus 39% Grobschluff, aus 35% Feinschluff und aus 12% Ton zusammen.

Mit zwei Proben wurde im Sommer 1980 die Schwebführung der Jökulsá Vestri zu Beginn (27.6.1980) und kurz vor dem Scheitelpunkt (9.7.1980) einer frühglazialen Abflußwelle erfaßt (vgl. Abb. 27). Von Anfang bis Ende Juni 1980 waren die Tagesmitteltemperaturen kontinuierlich von 2,3°C auf über 11°C angestiegen, wobei vom 5.6. bis 15.6. Tageshöchsttemperaturen von 11°C bis 17°C gemessen wurden. Allerdings kühlte es sich nachts auf 2°C bis 4°C ab. Zunächst reagierte der Abfluß auf diese doch deutliche Temperatursteigerung mit einer nur geringen Zunahme von 12 m^3/s auf 17 m^3/s, was für die postnivale Phase typisch ist.

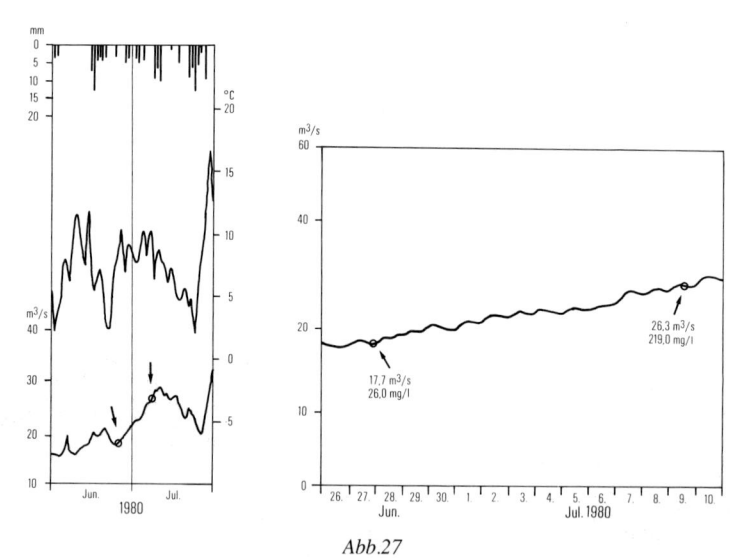

Abb.27
Die Abflußsituation der Jökulsá Vestri sowie Temperatur und Niederschlag in Hveravellir am 27.6.1980 und am 9.7.1980.

Vom 16.6. bis 25.6.1980 fielen während einer Regenperiode in Hveravellir Niederschläge von 0,3 mm bis 6,1 mm in 24 Stunden, die sich in der Jökulsá Vestri durch eine flache Abflußwelle bemerkbar machten. Nach dem Scheitelpunkt am 21.6. mit 22 m^3/s sank der Abfluß wieder auf Werte um 16 m^3/s.

Als am **27.6.1980** gegen 23^{10} Uhr eine Schwebmessung vorgenommen wurde, hatte der Abfluß gerade aufgrund einer Temperaturerhöhung leicht zu steigen begonnen (vgl. Abb. 27). Der Tagesmittelwert betrug 17,1 m^3/s. Die Schwebmessung erfaßte einen Abfluß von 17,7 m^3/s mit einer Suspensionskonzentration von nur 26 mg/l, was einer Transportrate von 0,46 kg/s entspricht und den mit Abstand geringsten gemessenen Wert dieser Regimephase darstellt. Die Suspension bestand aus 2% Sand (1 mg/l), aus 13% Grobschluff (3 mg/l); Feinschluff war mit 8% (2 mg/l) vertreten, während Ton einen ungewöhnlich großen Anteil von 77% (20 mg/l) ausmachte.

Die am 27.6.1980 begonnene Abflußsteigerung setzte sich bis zum 12. Juli, an dem ein Tagesmittelwert von 31 m^3/s registriert wurde, fort. Vom 27.6. bis 12.7. lagen die Tagesmitteltemperaturen bei durchschnittlich 8,8°C (Tagesmaxima um 12°C, Tagesminima um 6°C). Die unregelmäßigen leichten Niederschläge, die in dieser Zeit in Hveravellir gemessen wurden, machten sich im Tagesgang des Abflusses durch leichte Störungen bemerkbar.

Am **9.7.1980** weist der Abfluß also eine steigende Tendenz auf. Zum Zeitpunkt der Probenahme um 16^{50} Uhr befindet er sich allerdings im tagesperiodisch bedingten Rückgang. Die Schwebmessung erfaßte bei einem Abfluß von 26,3 m^3/s eine Konzentration von 219 mg/l, woraus sich eine Transportrate von 5,76 kg/s ermitteln läßt. Es überwog mit 65% der Feinschluffanteil (142 mg/l). Sand war mit 6% (13 mg/l) und Grobschluff mit 28% (61 mg/l) an der gesamten Schwebmenge beteiligt. Der Tonanteil nahm nur 1% (2 mg/l) ein.

Mit der Schwebstoffmessung am **11.7.1975** wurde das Maximum einer frühglazialen Abflußwelle erfaßt (vgl. Abb. 28). Anfang Juli 1975 waren die Tagesmitteltemperaturen in Hveravellir innerhalb weniger Tage von 2,8°C auf 11,7°C (Tagesmaximumtemperatur: 15,5°C am 10.7.) gestiegen. Der Abfluß der Jökulsá Vestri reagierte entsprechend: Noch am 4.7. um

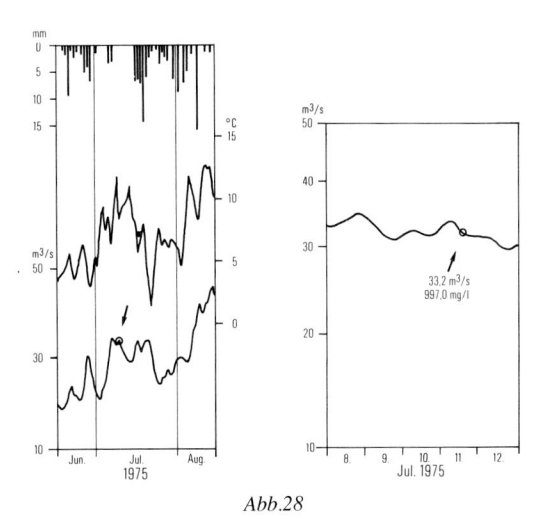

Abb.28
Die Abflußsituation der Jökulsá Vestri sowie Temperatur und Niederschlag in Hveravellir am 11.7.1975.

12^{00} Uhr war er mit 20,6 m³/s auf dem Monatsminimum. Unter deutlichen Tagesschwankungen mit stark steigender Tendenz erhöhte er sich bis zum 11.7. um 5^{00} Uhr auf das Monatsmaximum von 37,8 m³/s. Als um 15^{10} Uhr die Schwebkonzentration gemessen wurde, hatte sich der Abfluß im Verlauf der täglichen Varianz auf 33,2 m³/s verringert. Die Jökulsá Vestri wies zu diesem Zeitpunkt eine Schwebmenge von 997 mg/l auf. Die Transportrate lag bei 33,1 kg/s. Die Kornfraktionen verteilten sich wie folgt: 11% Sand (110 mg/l), 40% Grobschluff (399 mg/l), 29% Feinschluff (289 mg/l) und 20% Ton (199 mg/l).

Die Niederschläge in Höhe von 3,3 mm bzw. 3,0 mm, die am 7. und 8. Juli in Hveravellir registriert wurden, beeinflußten diese Abflußwelle nur gering: Da die Regenfälle einem Rückgang des Abflusses im Verlauf des 8. Juli entgegenwirkten, ist an diesem Tag mit 36,2 m³/s der höchste durchschnittliche Tageswert des Abflusses ermittelt worden, obwohl die maximalen Abflußwerte der folgenden Tage deutlich höher lagen.

Die hochglaziale Regimephase

In der hochglazialen Regimephase wurden insgesamt 19 Messungen der Schwebfracht der Jökulsá Vestri in der Zeit von Ende Juli bis Anfang September der Jahre 1974 bis 1986 durchgeführt.

Der hoch- bis spätsommerlichen Jahreszeit entsprechend, werden in Hveravellir die höchsten Tagesmitteltemperaturen verzeichnet, die allerdings auch jetzt nur selten auf 10°C bis 12°C ansteigen, wobei die maximalen Tageswerte 15°C und mehr annehmen. Das absolute Temperaturmaximum des Untersuchungszeitraumes wurde am 31.7.1981 mit 22,1°C gemessen. Auch in den Sommermonaten muß im isländischen Hochland in Einzelfällen mit Nachtfrösten gerechnet werden. Zum Ausklang der hochglazialen Phase im Spätsommer ist bereits ein Rückgang der Temperaturen feststellbar, der allerdings nicht von einem entsprechenden Abflußrückgang be-

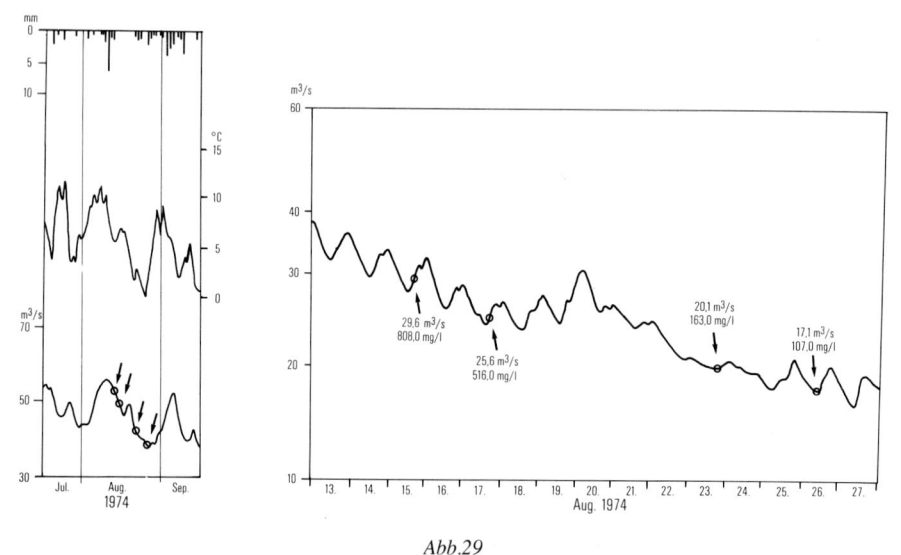

Abb.29
Die Abflußsituation der Jökulsá Vestri sowie Temperatur und Niederschlag in Hveravellir am 15.8. bis 26.8.1974.

gleitet wird, da die glazialen Schmelzwässer mit z.T. erheblicher zeitlicher Verzögerung in den Abfluß gelangen. Die mittlere Abflußganglinie weist in dieser Regimephase einen breiten Gipfelbereich mit relativ geringen Standardabweichungen auf. Mit der gleichmäßigen Temperaturamplitude, die im Verlauf dieser Phase ebenfalls leicht abnehmende Tendenz aufweist, korrelieren bei Trockenwetterabfluß die Tagesabflußschwankungen, die eine Höhe von 5 m^3/s bis 15 m^3/s erreichen. Die Niederschläge im Untersuchungsgebiet fallen auch im Sommer sehr unregelmäßig und meist in geringen bis mittleren Intensitäten. Die leicht erhöhte Frequenz von stärkeren Regenfällen steht im Zusammenhang mit der Konvektion bei starker Erwärmung des Gletschervorlandes.

Die Meßergebnisse weisen für die hochglazialen Abflüsse der Jökulsá Vestri eine Schwebkonzentration von durchschnittlich 902 mg/l (± 795 mg/l) bei einem mittleren Abfluß von 35,4 m^3/s (± 14 m^3/s), d.h. eine Transportrate von 31,94 kg/s aus. Die Schwebmenge besteht zu 22% aus Sand, zu 47% aus Grobschluff, zu 25% aus Feinschluff und zu 6% aus Ton.

Mitte bis Ende August 1974 wurden vier Schwebstoffmessungen unternommen, die den fluvialen Materialtransport der Jökulsá Vestri vom Höhepunkt zum Ausklang der hochglazialen Regimephase erfassen (15.8., 17.8., 23.8., 26.8.1974; vgl. Abb. 29).

In der ersten Woche des Monats August 1974 waren die Tagesmitteltemperaturen in Hveravellir von ca. 6°C auf 10°C gestiegen, wobei die maximalen Tagestemperaturen ab 4. August Werte über 11°C erreichten. Diese Wärmeperiode dauerte bis 12.8.1974. Von da an ging die Tagesmitteltemperatur langsam zurück, was auf größere Abkühlung in den Nächten zurückzuführen ist, wogegen die Tageshöchsttemperaturen weiterhin zwischen 10°C und 13°C lagen.

Als Reaktion auf diesen Temperaturverlauf begann der Abfluß zunächst ab 5.8. von 25,1 m^3/s kontinuierlich zu steigen, am 11., 12. und 13 . August waren mit jeweils 36,7 m^3/s die höchsten Tagesmittelwerte des Abflusses erreicht. Die Regelmäßigkeit der täglichen Abflußschwankungen (Maximum zwischen 0^{00} und 4^{00} Uhr, Minimum zwischen 12^{00} und 16^{00} Uhr) in Höhe von 3 bis 6 m^3/s wurde im Verlauf der Abflußwelle in der Zeit vom 7. bis 10.8., am 19./20.8. und am 23./24.8. durch die Auswirkungen leichter bis mittlerer Niederschläge gestört.

Als am 15.8. die erste der vier Schwebmessungen in der Jökulsá Vestri vorgenommen wurde, war der Scheitelpunkt der Abflußwelle also bereits überschritten. Das Tagesmittel betrug noch 33,6 m^3/s. Der Abfluß wies deutlich sinkende Tendenz auf. Einen Tag nach der letzten Messung war am 27.August mit 16,6 m^3/s der niedrigste Wert dieser Abflußwelle erreicht.

Am **15.8.1974** befand sich der Abfluß gegen 13^{00} Uhr bei 28,2 m^3/s (Tagesminimum), bis 24^{00} Uhr stieg er auf 32,6 m^3/s. Zum Meßzeitpunkt um 19^{15} Uhr hatte er im Zuge des tagesperiodischen Anstieges einen Wert von 29,6 m^3/s angenommen. Die Schwebkonzentration betrug zu dieser Zeit 808 mg/l, was einer Transportrate von 23,84 kg/s entspricht. In der Suspension befanden sich 14% Sand (113 mg/l), 50% Grobschluff (404 mg/l), 24% Feinschluff (134 mg/l) und 12% Ton (62 mg/l).

Zwei Tage später, am **17.8.1974**, erreichte der Abfluß noch einen Tageswert von 28,3 m^3/s. Nach dem Tagesminimum um 16^{00} Uhr mit 24,3 m^3/s wurden um 17^{30} Uhr, zum Zeitpunkt der Probenahme, 25,6 m^3/s gemessen. In der Jökulsá Vestri wurde eine Schwebkonzentration von 516 mg/l festgestellt, die sich aus 17% Sand (88 mg/l), 45% Grobschluff (232 mg/l), 26% Feinschluff (134 mg/l) und 12% Ton (62 mg/l) zusammensetzte. Die Transportrate betrug 13,21 kg/s.

Die dritte Probenahme erfolgte am **23.8.1974** gegen 19^{00} Uhr. Der Abfluß war, abgesehen von einer niederschlagsbedingten Abflußspitze am 19./20.8. (Hveravellir registrierte 3,6 mm Niederschlag), weiter zurückgegangen. Auch am 23.8. wurden Niederschläge von 3,6 mm Höhe gemessen, die einem Abflußrückgang im Zuge der täglichen Abflußschwankung entgegenwirkten. Der mittlere Abflußwert von 21 m^3/s wurde im Tagesverlauf um nicht mehr als 1 m^3/s unter- oder überschritten. Zum Zeitpunkt der Probenahme wurde mit 20,1 m^3/s der niedrigste Tageswert registriert. Die Probe ergab eine Schwebkonzentration von 163 mg/l; die Transportrate betrug also 3,35 kg/s. In der Suspension wurden 14% Sand (23 mg/l), 36% Grobschluff (58 mg/l), 30% Feinschluff (49 mg/l) und 20% Ton (33 mg/l) festgestellt.

Die letzte der analysierten Suspensionsmessungen erfaßte das Ende der Abflußwelle zum Ausklang der hochglazialen Regimephase kurz vor ihrem Minimum: Am **26.8.1974** herrschte nur noch ein mittlerer Abfluß von 18,3 m^3/s. Auf dem Tagesminimum wurde in der Jökulsá Vestri bei einem Abfluß von 17,1 m^3/s eine Schwebmenge von 107 mg/l gemessen, die sich aus 17% Sand (18 mg/l), aus 22% Grobschluff (24 mg/l), aus 41% Feinschluff (49 mg/l) und aus 20% Ton (33 mg/l) zusammensetzte. Damit hatte sich das Verhältnis von Grobmaterial zu Feinmaterial in der Suspension von 64% : 36% bei der ersten Messung mit Abnahme der Abflußmenge und Fließgeschwindigkeit nahezu umgekehrt auf 39% : 61%. Die Transportrate betrug 1,83 kg/s.

Während die oben analysierten Schwebfrachtmessungen des Jahres 1974 die glazialen Abflußverhältnisse bei vorherrschendem Trockenwetterabfluß wiedergeben, erfassen einige der Probenahmen in der hochglazialen Regimephase den Abfluß der Jökulsá Vestri während oder nach einem stärkeren Niederschlagsereignis. Bemerkenswerterweise ergaben diese Messungen die mit Abstand höchsten Suspensionskonzentrationen von rund 1100 mg/l bis 2700 mg/l und

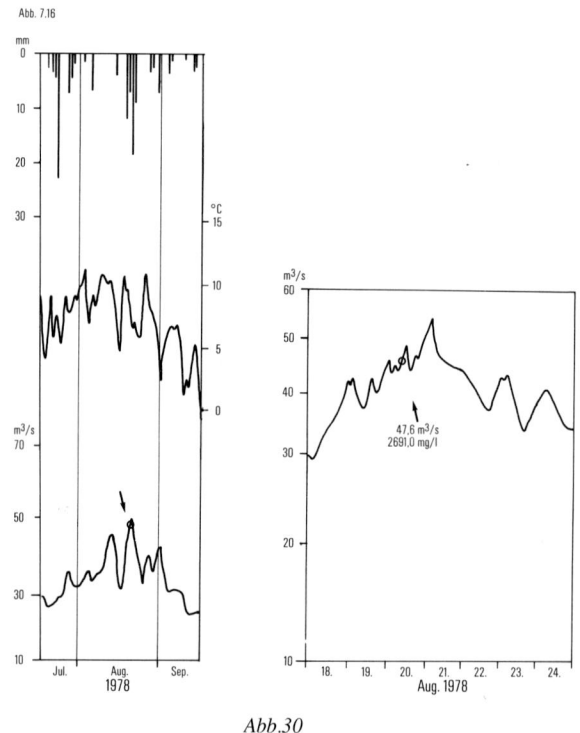

Abb.30
Die Abflußsituation der Jökulsá Vestri sowie Temperatur und Niederschlag in Hveravellir am 20.8.1978.

sollen daher im folgenden als Beispiele für die Auswirkungen pluvialer Ereignisse während des glazialen Abflußregimes näher betrachtet werden. Allerdings ist aufgrund der bereits angesprochenen Unzulänglichkeiten der Niederschlagsmessungen im allgemeinen und des meist lokalen Charakters der Konvektionsniederschläge im besonderen eine exakte Quantifizierung des abflußwirksamen Niederschlages nicht möglich.

Am **20.8.1978** wurde kurz vor dem Scheitelpunkt einer glazial-pluvialen Abflußwelle die zweithöchste Schwebkonzentration des Untersuchungszeitraumes gemessen (vgl. Abb. 30).

Bei Temperaturen um 9°C hatte der Abfluß Mitte August seine hochglaziale Phase erreicht. Die Mittelwerte lagen bei 48 m^3/s (am 13./14.8.) und fielen nur infolge eines Temperatursturzes am 15./16.8. (4,4°C bei einem Minimum von 0,5°C) auf 30 m^3/s. Als sich anschließend die Temperaturen wieder auf Werte um 8°C bis 12°C erhöhten, stieg unter regelhaften Tagesschwankungen der Abflußwert wieder auf 37 m^3/s (18.8.) an. Während es sich bisher um einen rein glazial geprägten Trockenwetterabfluß handelte, machten sich ab 18.8. die in der Nacht vom 17.8. zum 18.8. einsetzenden Regenfälle durch Störungen des Tagesganges, die nicht mehr mit dem Temperaturgang korrelierten, bemerkbar. Bis 9^{00} Uhr des 18.8. wurden 5,8 mm Niederschlag gemessen; am 19.8. waren es insgesamt 3,4 mm. Bis 18^{00} Uhr am 20.8. wurden in Hveravellir 9,4 mm registriert. Die Mittelwerte des Abflusses erhöhten sich von 37,2 m^3/s (18.8.) über 43,3 m^3/s (19.8.) auf 50,2 m^3/s am 20.8.1974. Das Maximum dieser Abflußwelle wurde am 21.8. mit 50,8 m^3/s (HMQ 58,5 m^3/s um 4^{00} Uhr) erreicht.

Die Schwebfrachtmessung am 20.8.1978 um 11^{45} Uhr erfaßte steigenden Abfluß: Von 10^{00} Uhr (ca. 44 m^3/s) bis 12^{00} Uhr (ca. 50 m^3/s) erhöhte sich der Abflußwert niederschlagsbedingt um rund 6 m^3/s. Bei einem Abfluß von 47,6 m^3/s betrug die Schwebkonzentration 2691 mg/l, die Transportrate 128,09 kg/s. Die Schwebmenge setzte sich zu 29% aus Sand (780 mg/l), zu 48% aus Grobschluff (1292 mg/l), zu 19% aus Feinschluff (501 mg/l) und zu 4% aus Ton (108 mg/l) zusammen. Damit weist das Ergebnis dieser Messung eine Schwebkonzentration auf, die nur wenig unter dem absoluten Höchstwert des Untersuchungszeitraumes von 2713 mg/l lag, der am 1.9.1981 in der Jökulsá Vestri festgestellt wurde (vgl. Kap. III.3., S. 101). Den Beobachtungen OESTREMs (1967) zufolge tritt das Maximum der Materialkonzentration wenige Stunden vor dem Abflußmaximum auf. Also dürfte die festgestellte Schwebmenge im weiteren Verlauf der Abflußwelle kaum noch überschritten worden sein.

Am **10. August 1983** wurde die Schwebführung der Jökulsá Vestri während der hochglazialen Regimephase im Abstand von 20 Minuten 2 mal gemessen (vgl. Abb. 31). Das Abflußverhalten war in dieser Zeit stark von pluvialen Ereignissen beeinflußt. Allgemein war im Jahr 1983 aufgrund der niedrigen Sommertemperaturen - der Juli und August 1983 waren mit Monatsmitteltemperaturen von 5,8°C bzw. 5,4°C die kühlsten Sommermonate im Untersuchungszeitraum - die Menge der glazialen Abflüsse sehr gering. Da in diesem Jahr aber relativ hohe Niederschlagssummen verzeichnet wurden, erreichten die mittleren monatlichen Abflußmengen der Jökulsá Vestri dennoch relativ hohe durchschnittliche Werte von 32 m^3/s im Juli und 40 m^3/s im August.

Nach einem temperaturbedingten Minimum von 29 m^3/s stieg der Abfluß trotz relativ geringer Erwärmung auf durchschnittlich 6,5°C von Ende Juli bis zum 10. August infolge der Niederschläge kontinuierlich auf 52 m^3/s.

Daß diese Abflußzunahme nicht primär temperaturbedingt war, läßt sich auch aus dem Fehlen eines regelhaften Tagesabflußganges schließen: In den besagten Tagen Anfang August 1983 wurde das glaziale Abflußverhalten der Jökulsá Vestri stark von pluvialen Ereignissen überprägt. Seit dem 30. Juli 1983 war in Hveravellir kein niederschlagsfreier Tag mehr verzeichnet

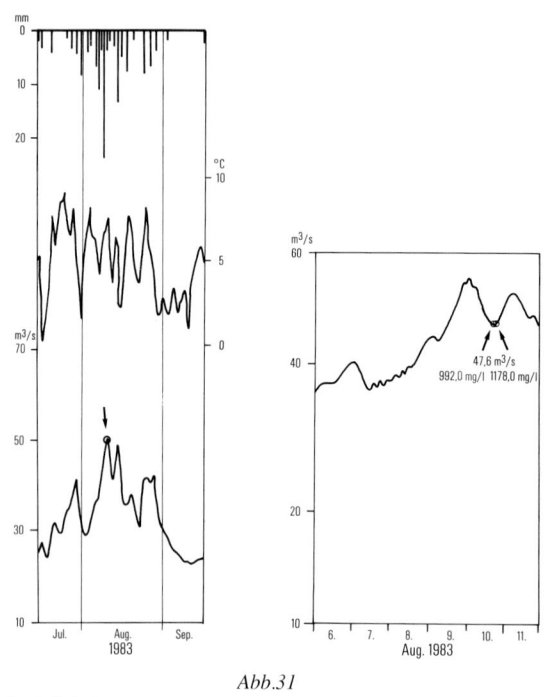

Abb.31
Die Abflußsituation der Jökulsá Vestri sowie Temperatur und Niederschlag in Hveravellir am 10.8.1983.

worden. Bis zum 10.8. fielen insgesamt 64 mm Niederschlag, wobei die größten Intensitäten ab 6.8. registriert wurden (6,6 mm bis 23,3 mm pro 24 Std.). Von 9^{00} Uhr bis 18^{00} Uhr am 9.8. fielen 21 mm Regen, was bei den Niederschlagsverhältnissen im isländischen Hochland schon als "Starkregen" bezeichnet werden muß. Der Abfluß der Jökulsá Vestri stieg in dieser Zeit von 44 m^3/s auf 54 m^3/s.

In der Nacht zum 10.8. fielen noch 0,1 mm Niederschläge. Danach hörten die Niederschläge auf, worauf von 24^{00} Uhr bis ca. 16^{00} Uhr am 10.8. der Abfluß um ca. 10 m^3/s auf 45 m^3/s sank. Als um 17^{10} Uhr die erste Suspensionsprobe gezogen wurde, hatte gerade ein temperaturbedingter Abflußanstieg begonnen: Nach Beendigung des Niederschlages betrug die Temperatur in Hveravellir wieder 10,8°C.

Die erste Schwebstoffmessung fand am 10.8.1983 um 17^{10} Uhr bei einem Abfluß von 47,6 m^3/s statt und ergab eine Schwebkonzentration von 992 mg/l, die zu 25% aus Sand (248 mg/l), zu 44% aus Grobschluff (436 mg/l), zu 29% aus Feinschluff (286 mg/l) und zu 2% aus Ton (20 mg/l) bestand.

Die zweite Probenahme wurde ca. 20 Minuten später durchgeführt. Die Zunahme der Abflußmenge hatte sich noch nicht meßbar ausgewirkt, dennoch war die Schwebmenge offensichtlich aufgrund erhöhter Fließgeschwindigkeit auf 1178 mg/l gestiegen, wodurch sich die Transportrate von zuvor 47,21 kg/s auf 55,01 kg/s erhöhte. Die Anteile der Kornfraktionen waren nur geringfügig verschoben: Sand nahm nun einen Anteil von 31% (365 mg/l) ein, Grobschluff einen Anteil von 43% (507 mg/l), Feinschluff einen Anteil von 24% (283 mg/l) und Ton einen Anteil von 2% (24 mg/l).

Die spätglaziale Regimephase

Für die Analyse des spätglazialen Schwebstofftransportes konnten 14 Messungen ausgewertet werden, die in den Monaten August, September und Oktober der Jahre 1975 bis 1985 durchgeführt wurden.

Ein tendenzieller Rückgang der Abflußwerte bei ausgeprägtem tagesperiodischen Abflußgang kennzeichnet die spätglaziale Regimephase. Die auftretenden Abflußwellen sind meistens temperaturbedingt, zumal die geringen bis mittleren Niederschläge infolge der hohen Versickerungskapazität des Untergrundes nicht direkt abflußwirksam werden und stärkere Konvektionsniederschläge aufgrund der geringeren Erwärmung in den Spätsommer- und Herbstmonaten kaum noch auftreten. Im allgemeinen sinken die Tagesmitteltemperaturen während dieser Zeit auf Werte um 3°C bis 4°C, wobei sich vor allem in den Nächten wieder häufiger Fröste einstellen.

Bei einem mittleren Abfluß von 21,9 m^3/s (± 4,4 m^3/s) wurde in der Jökulsá Vestri eine durchschnittliche Schwebkonzentration von 179 mg/l (± 132 mg/l) ermittelt. Die Schwebstoffe bestanden zu 14% aus Sand, zu 31% aus Grobschluff, zu 42% aus Feinschluff und zu 13% aus Ton.

Die Schwebkonzentration in den spätglazialen Abflüssen der Jökulsá Vestri wurde im Jahr 1975 durch drei Messungen erfaßt, die am **30.8.1975, 6.9. und 15.9.1975** durchgeführt wurden (vgl. Abb. 32).

In diesem Jahr hatte die hochglaziale Abflußphase mit Tagesmittelwerten zwischen 30 m^3/s und 48 m^3/s von Anfang bis Mitte August stattgefunden, zu einem Zeitpunkt, als die höchsten mittleren Tagestemperaturen von durchschnittlich 10°C mit Maximalwerten von 9°C bis 17°C gemessen wurden. Danach gingen die Temperaturen bis zum 10.9. kontinuierlich zurück. Ab 10.9. traten die ersten Frostwechsel-, wenig später auch die ersten Eistage auf. Entsprechend wurde am Pegel vhm 145 ab Mitte August ein relativ gleichmäßiger Abflußrückgang verzeichnet, der am 14.9. mit nur 14,5 m^3/s sein Minimum erreicht hatte. Da es von Mitte August bis En-

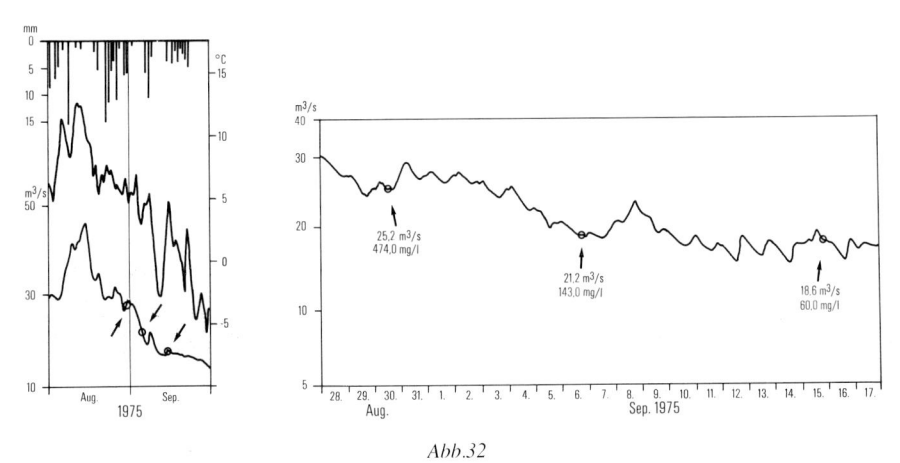

Abb. 32
Die Abflußsituation der Jökulsá Vestri sowie Temperatur und Niederschlag in Hveravellir am 30.8. bis 15.9.1975.

de September kaum niederschlagsfreie Tage gab, konnte keine regelhafte Tagesabflußschwankung stattfinden.

Vor der Schwebfrachtmessung am **30.8.1975** war der Abfluß der Jökulsá Vestri nach einer niederschlagsbedingten kurzen Abflußwelle mit Tageswerten zwischen 30 m^3/s und 33 m^3/s vom 23. bis 27.8. auf 28 m^3/s am 29. August gesunken (NMQ um 17^{00} Uhr mit 25,9 m^3/s) (vgl. Abb. 32). Die in Hveravellir registrierte Niederschlagsmenge betrug insgesamt 46 mm in 5 Tagen. In der Nacht zum 30. August stieg der Abfluß bis gegen 4^{00} Uhr auf ca.28 m^3/s und ging unter dem Einfluß der anhaltenden Niederschläge mittlerer Intensität im Laufe des 30.8.1975 nur geringfügig zurück. Als um 12^{45} Uhr die Probenahme erfolgte, wurde bei einem Abfluß von 25,2 m^3/s eine Schwebkonzentration von 474 mg/l festgestellt. Die Schwebmenge setzte sich aus 8% Sand (38 mg/l), aus 19% Grobschluff (90 mg/l), aus 58% Feinschluff (275 mg/l) und aus 15% Ton (71 mg/l) zusammen.

Die leichte Abflußzunahme war bereits am nächsten Tag gegen 8^{00} Uhr bei 31 m^3/s beendet. Da in den folgenden Tagen keine Niederschläge mehr auftraten und sich der Temperaturrückgang fortsetzte, gingen auch die Abflußwerte bis **6.9.1975** auf 19,5 m^3/s zurück (vgl. Abb. 32). Die Schwebmessung an diesem Tag um 20^{00} Uhr ergab bei einem Abfluß von 21,2 m^3/s eine Feststoffmenge von 143 mg/l, die aus 8% Sand (11 mg/l), aus 25% Grobschluff (34 mg/l), aus 40% Feinschluff (57 mg/l) und aus 28% Ton (40 mg/l) bestand.

Bis auf eine niederschlagsbedingte Abflußwelle von rund 3 m^3/s, die am 8.9.1975 zwischen 24^{00} und 17^{00} Uhr den Pegel passierte, setzte sich der Abflußrückgang bis 14.9. langsam auf 14,4 m^3/s fort. Die Niederschläge in Hveravellir betrugen von 18^{00} Uhr des 7.9. bis 9^{00} Uhr des 8.9. 15 mm. Der dabei gleichmäßig ausgeprägte Tagesgang des Abflusses wurde nur am 15.9. durch leichte Niederschläge (3,6 mm in Hveravellir) gestört. Zum Zeitpunkt der Probenahme am **15.9.1975** um 17^{00} Uhr wurde ein Abfluß von 18,6 m^3/s gemessen. Die Schwebmenge in Höhe von 60 mg/l setzte sich aus 5% Sand (3 mg/l), aus 12% Grobschluff (7 mg/l), aus 48% Feinschluff (29 mg/l) und aus 35% Ton (21 mg/l) zusammen.

Zum Ausklang der spätglazialen Phase ging mit der Abflußmenge auch die Schwebkonzentration deutlich zurück. Die bemerkenswerte Dominanz der Feinschwebfracht und hierbei namentlich die hohen, im Verlauf des Abflußrückganges zunehmenden Tongehalte stehen offensichtlich im Zusammenhang mit den verminderten Fließgeschwindigkeiten.

3. Die saisonale Differenzierung der Schwebfracht der Jökulsá Vestri im hydrologischen Jahr 1981

Da aus dem Jahr 1981 acht Schwebmessungen aus den Monaten April bis September vorliegen, die Abfluß und Materialtransport der Jökulsá Vestri in verschiedenen Regimephasen erfassen, soll im folgenden diese Gelegenheit genutzt werden, um im Zusammenhang eines hydrologischen Jahres den Einfluß der klimatischen Steuerungsdeterminanten darzustellen.

Der mittlere Jahresabfluß lag 1981 mit 23 m^3/s knapp über dem Mittelwert des Untersuchungszeitraumes (21,6 m^3/s). Nur in den Monaten Mai, August und September weichen die Mittelwerte des Abflusses nennenswert von den langfristigen Mittelwerten ab. Im Mai bringt die konzentriert ablaufende Schneeschmelze eine relativ hohe Abflußmenge. Die leicht überdurchschnittlichen Mittelwerte des Augusts werden durch relativ warme Temperaturen in Verbindung mit erhöhten Niederschlägen verursacht, die sich auch im September noch deutlich in der Abflußmenge bemerkbar machen.

Die konstant geringen winterlichen Abflüsse zwischen 14 m^3/s und 15 m^3/s herrschen von Mitte Oktober bis Ende März. Aus diesen Monaten des Jahres 1981 liegen zwar keine Schwebfrachtmessungen vor, aber wie aus den vorhergehenden Ausführungen deutlich wird, ist außer bei besonderen Ereignissen keine nennenswerte Abweichung von den allgemein geringen Transportraten in den winterlichen Regimephasen zu erwarten.

Das einzige herausragende Abflußereignis des Winters 1981 fand am 27. Januar statt. Unter dem Einfluß stärkerer Niederschläge von 12 mm am 26.1. und 11,8 mm am 27.1. und leicht positiver Temperaturen brachen die Eisbarrieren, die sich in der Jökulsá Vestri in den vorhergehenden Wochen sehr strengen Frostes aufgebaut hatten. Die aufgestaute Wassermenge löste einen sog. "threpáhlaup" (isl.:"Treppenlauf") aus, in dessen Verlauf der Abfluß von rund 16 m^3/s am 26.1. um 15^{00} Uhr bis auf rund 50 m^3/s am 27.1. um 10^{00} Uhr anstieg. Nach dieser knapp 24-stündigen Unterbrechung der Frostperiode sanken die Temperaturen wieder weit unter den Gefrierpunkt, dementsprechend ging auch der Abfluß in der Jökulsá Vestri wieder auf Basisniveau zurück.

Erst ab 26. März wurde eine leichte Temperaturerhöhung mit ersten Frostwechseltagen registriert, die bis zum 19. April andauerte und in der Jökulsá Vestri eine zweigipfelige frühnivale Vorflut mit Höchstwerten um 30 m^3/s (7.4. um 18^{00} Uhr und 17.4. um 21^{00} Uhr) bei Ausprägung eines deutlichen regelhaften Tagesganges auslöste. Zwischen diesen beiden Abflußspitzen gingen die Werte temperaturbedingt auf 15 m^3/s am 12.4. zurück. Die nivalen Abflüsse wurden durch Niederschläge, die in Hveravellir mit Höhen zwischen 1 mm und 21 mm registriert wurden, nur geringfügig verstärkt, da diese, den niedrigen Temperaturen entsprechend, überwiegend als Schneeregen niedergegangen sein dürften.

Im Anstieg zur erwähnten zweiten frühnivalen Abflußwelle wurde am **14.4.1981** in der Jökulsá Vestri eine Schwebmessung vorgenommen. Aufgrund eines deutlichen Temperaturanstieges von 0°C (3^{00} Uhr am 13.4.) auf 3,2°C (12^{00} Uhr am 14.4.) erhöhte sich in der Jökulsá Vestri der Abfluß innerhalb von 8 Stunden von 15 m^3/s auf 31 m^3/s. Bis zum 16.4. setzte sich der Abflußanstieg in leicht verminderter Form fort, bis mit 33 m^3/s der Scheitel der Abflußwelle den Pegel passierte. Die Tagesabflußschwankungen lagen in diesen Tagen bei 10 bis 12 m^3/s.

Als am 14.4.1981 um 15^{30} Uhr in der Jökulsá Vestri eine Schwebfrachtmessung vorgenommen wurde, erfaßte sie den tagesperiodisch bedingten Abflußanstieg von 21 m^3/s (8^{00}) auf 30 m^3/s (21^{00}). Bei einem Abfluß von 27,9 m^3/s wurde eine Schwebkonzentration von 189 mg/l gemessen, woraus sich eine Transportrate von 5,27 kg/s ergibt. Die Schwebmenge bestand zum überwiegenden Teil aus Grobfracht: 34% Sand (64 mg/l), 41% Grobschluff (77 mg/l). Feinschluff machte 22% (42 mg/l) und Ton 3% (6 mg/l) der Schwebfracht aus.

Nach diesem frühnivalen Ereignis sank der Abfluß der Jökulsá Vestri bis 13.Mai wieder auf Basisabflußniveau mit Werten um 15 m^3/s. Die Tagesmitteltemperaturen lagen zu dieser Zeit zwischen -0,1°C und -10,0°C. Die geringen Niederschläge wurden als Schnee gespeichert.

Am 12.Mai stieg die Temperatur gegen 12^{00} Uhr erstmals mit 1,2°C wieder über den Gefrierpunkt. Am 13.5. um 15^{00} Uhr waren bereits 4,6°C erreicht. Der Temperaturanstieg verlangsamte sich in den folgenden Tagen; die steigende Tendenz hielt aber bis 25.5. an. Die Tagesmitteltemperatur lag bis Ende Mai bei durchschnittlich 3,9°C, wobei die Tagestemperaturamplituden sehr hohe Werte annahmen (z.B. am 27.5.: 11,2°C).

Ruckartig schnellte am Mittag des 14. Mai infolge der einsetzenden Schneeschmelze der Abfluß in die Höhe. Bis 2^{00} Uhr des 15.5. stieg er um rund 64 m^3/s auf 86 m^3/s. Um 21^{00} Uhr des folgenden Tages war bereits bei 165 m^3/s der Gipfel der nivalen Hochwasserwelle erreicht. Allerdings blieben die Abflußwerte noch bis 27.5. mit Tagesmitteln zwischen 70 m^3/s und 100 m^3/s bei Tagesabflußspitzen von 94 m^3/s bis 135 m^3/s sehr hoch. Infolge der hohen Temperaturamplitude war die tägliche Abflußvariation sehr stark ausgeprägt: die täglichen Extremwerte schwankten um 30 m^3/s und 90 m^3/s innerhalb von 4 bis 6 Stunden.

Als am **27.Mai 1981** zum Abschluß dieser hochnivalen Regimephase die Schwebstoffkonzentration in der Jökulsá Vestri gemessen wurde, hatte die Abflußkurve deutlich fallende Tendenz. Im Zuge der täglichen Abflußschwankung stiegen die Werte allerdings von 50 m^3/s um 13^{00} Uhr auf 93 m^3/s um 22^{00} Uhr. Zum Zeitpunkt der Probenahme (17^{30} Uhr) betrug die Abflußmenge 84 m^3/s. Es wurde eine Schwebkonzentration von 155 mg/l festgestellt; die Transportrate betrug 13,02 kg/s. Die Kornfraktionen nahmen in der Schwebmenge folgende Anteile ein: 21% Sand (33 mg/l), 45% Grobschluff (70 mg/l), 30% Feinschluff (47 mg/l) und 4% Ton (6 mg/l).

Ende Mai 1981 war die Schneeschmelze im Einzugsgebiet der Jökulsá Vestri weitgehend abgeschlossen. Trotz weiter ansteigender Temperaturen sank der Abfluß Anfang Juni auf 17 - 18 m^3/s , wobei auch die tägliche Abflußschwankung mit 3 m^3/s bis 5 m^3/s nur gering ausgeprägt war. Am **12.6.1981** wurde während dieser ruhigen Abflußphase zwischen nivalem und glazialem Regime eine Schwebmessung vorgenommen. Bei einem Abfluß von 21,5 m^3/s mit leicht ansteigender Tendenz betrug die Schwebmenge in der Jökulsá Vestri nur 14 mg/l, die sich aus 10% Sand (1 mg/l), aus 30% Grobschluff (4 mg/l), aus 38% Feinschluff (5 mg/l) und aus 22% Ton (3 mg/l) zusammensetzte.

Der Einsatz der glazialen Abflüsse verlief aufgrund sehr niedriger Temperaturen (Monatsmittel: 4,8°C bzw. 6,3°C) im Juni und Juli sehr zögernd. Anfang Juli trat noch einmal vereinzelt Nachtfrost auf. Ab 6. Juli betrug der mittlere Tagesabfluß 24 m^3/s. Die Fluktuation der Abflußwerte in dieser frühglazialen Phase blieb relativ gering: Bei einem nahezu stagnierenden Abfluß von 23,6 m^3/s um 12^{55} Uhr am **6.7.1981** betrug die Schwebfracht der Jökulsá Vestri 257 mg/l; die Transportrate lag bei 6,07 kg/s. In der Schwebmenge überwog Feinschluff mit 45% (113 mg/l). Ton war mit 11% (28 mg/l) vertreten, Sand nur mit 5% (13 mg/l) und Grobschluff mit 40% (103 mg/l).

Ebenfalls aus der frühglazialen Phase stammt die Probe vom **22. Juli 1981**. Der Abfluß wies an diesem Tag aufgrund eines Temperaturrückgangs am 20. und 21.7. einen Minimumwert von 24 m^3/s auf. Dieser Wert entsprach der Abflußmenge zum Zeitpunkt der Suspensionsmessung. Die Schwebmenge betrug 373 mg/l, die Transportrate 8,95 kg/s. In der Suspension waren 26% Sand (97 mg/l), 38% Grobschluff (142 mg/l), 28% Feinschluff (104 mg/l) und 8% Ton (30 mg/l) enthalten.

Erst ab 23.Juli stiegen die Tagesmitteltemperaturen in Hveravellir auf 10°C. Eine deutliche Abflußsteigerung signalisierte den Beginn der hochglazialen Abflußphase, in deren Verlauf aber immer wieder temperaturbedingte Abflußrückgänge zu verzeichnen waren. Durch die große Zahl der Niederschlagstage im August, waren die tagesperiodischen Abflußschwankungen der hochglazialen Phase sehr unregelmäßig ausgeprägt. Die größten Abflußspitzen im August flossen nach oder während relativ starker Niederschlagsereignisse ab.

Bis zum 14. August 1981 sank der Abflußwert auf 30 m^3/s. Am 15.8. hatte der Abfluß leicht ansteigende Tendenz, so daß sich der Tagesmittelwert auf 32 m^3/s erhöhte. Um 14^{30} Uhr am **15.8.1981** erfaßte eine Schwebmessung den Abfluß auf dem Minimum der täglichen Abflußfluktuation. Bei einem Abfluß von nur 20,1 m^3/s wurde eine relativ hohe Schwebkonzentration von 459 mg/l festgestellt. Die Transportrate betrug 9,23 kg/s. In der Schwebmenge befanden sich 28% Sand (129 mg/l), 37% Grobschluff (170 mg/l), 27% Feinschluff (124 mg/l) und 8% Ton (37 mg/l).

Während alle bisherigen Schwebmessungen des Jahres 1981 den Abfluß und Materialtransport der Jökulá Vestri ohne erkennbaren Niederschlagseinfluß wiedergeben, erfaßte die am 1.September 1981 gezogene Probe die Verhältnisse zum Ausklang einer längeren Regenperiode.

Ab Mitte August 1981 ließen häufigere stärkere Niederschläge zwischen 3 mm und 14 mm pro 24 Stunden bei Temperaturen um 7°C, den Abfluß stark ansteigen. Dabei wies der Abflußgang die typischen niederschlagsbedingten Unregelmäßigkeiten auf, durch die die regelhaften temperaturbedingten Tagesabflußschwankungen überlagert wurden.

Als am 1. September 1981 die Jökulsá Vestri beprobt wurde, war der mittlere Tagesabfluß von 40 m^3/s (30.8.) bereits auf 59 m^3/s gestiegen. Am 3.9. um 17^{00} Uhr war mit 77 m^3/s der Gipfelpunkt dieser Abflußwelle erreicht.

Die Schwebmessung fand am **1.9.1981** um 20^{20} Uhr statt. Ca. 3 Stunden später wurde mit 63 m^3/s das Tagesmaximum des Abflusses registriert. Bei einem Abflußwert von 59,9 m^3/s wurde mit 2713 mg/l und einer Transportrate von 162,51 kg/s die absolut größte Schwebmenge des Untersuchungszeitraumes gemessen. Die Schwebmenge setzte sich aus 26% Sand (705 mg/l), aus 51% Grobschluff (1384 mg/l), aus 20% Feinschluff (543 mg/l) und aus 3% Ton (81 mg/l) zusammen.

Eine plötzliche Verringerung der Tagesmitteltemperaturen von 6,3°C am 3.9. auf -1,3°C am 5.9. beendete die hochglaziale Abflußphase abrupt. Da die Tagesmitteltemperaturen bis 10.9. unter dem Gefrierpunkt blieben, sanken die Abflußwerte der Jökulsá Vestri auf 30 m^3/s. Auch die vom 12.-15.9. folgende Temperaturerhöhung bis auf eine Tageshöchsttemperatur von über 10°C bewirkte keinen erneuten Abflußanstieg.

Am **19.9.1981** wurde die letzte Schwebprobe dieses hydrologischen Jahres gezogen, die den Abfluß zum Ausklang der spätglazialen Regimephase erfaßte. Zum Zeitpunkt dieser Messung (16^{45} Uhr) war mit 25,2 m^3/s das Tagesminimum des Abflusses erreicht. Die Schwebmenge betrug 153 mg/l, was einer Transportrate von 3,86 kg/s entspricht. Die Suspension bestand aus: 13% Sand (20 mg/l), 28% Grobschluff (43 mg/l), 40% Feinschluff (61 mg/l) und 19% Ton (29 mg/l).

4. Abfluß und fluviale Schwebfracht in den Flußgebieten der Jökulsá Vestri und der Jökulsá Eystri im Sommer 1986

Speziell zur weiteren Aufhellung des Einflusses von pluvialen Ereignissen auf das Abflußverhalten und den fluvialen Schwebtransport wurde als Ergänzung zu den von ORKUSTOFNUN erhobenen langfristigen Daten des Abflusses und der Schwebfracht im Sommer 1986 ein eigenes Meßprogramm entwickelt und durchgeführt. Bevor die hierbei erhobenen Daten vorgestellt und ausgewertet werden, seien zunächst kurz die Untersuchungsmethoden und die Instrumentierung beschrieben.

4.1. Untersuchungsmethoden und Instrumentierung

Im Vordergrund dieses Meßprogramms, das in der Zeit vom 22. Juni bis 3. August 1986 im Untersuchungsgebiet durchgeführt wurde, standen Untersuchungen zum Materialtransport von Jökulsá Eystri und Jökulsá Vestri sowie meteorologische Messungen im zentralen Hochlandbereich der Einzugsgebiete. Letztere konnten allerdings erst am 3. Juli 1986 begonnen werden, da

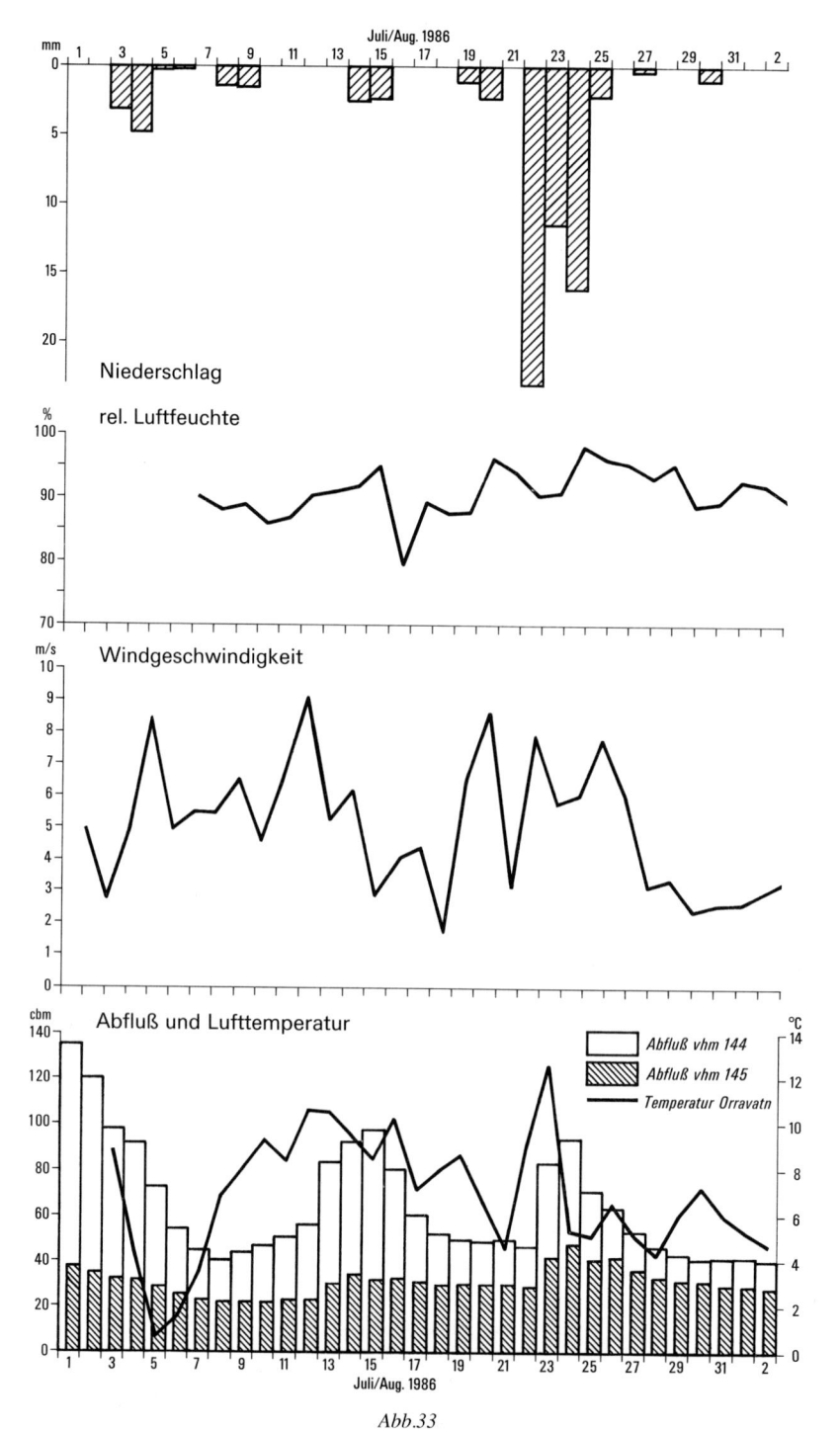

Abb.33
Tagesmittelwerte von Niederschlag, rel. Luftfeuchte, Windgeschwindigkeit und Lufttemperatur der Station Orravatnsrústir sowie des Abflusses der Jökulsá Eystri (vhm 144) und der Jökulsá Vestri (vhm 145) im Zeitraum 1.7. bis 2.8.1986.

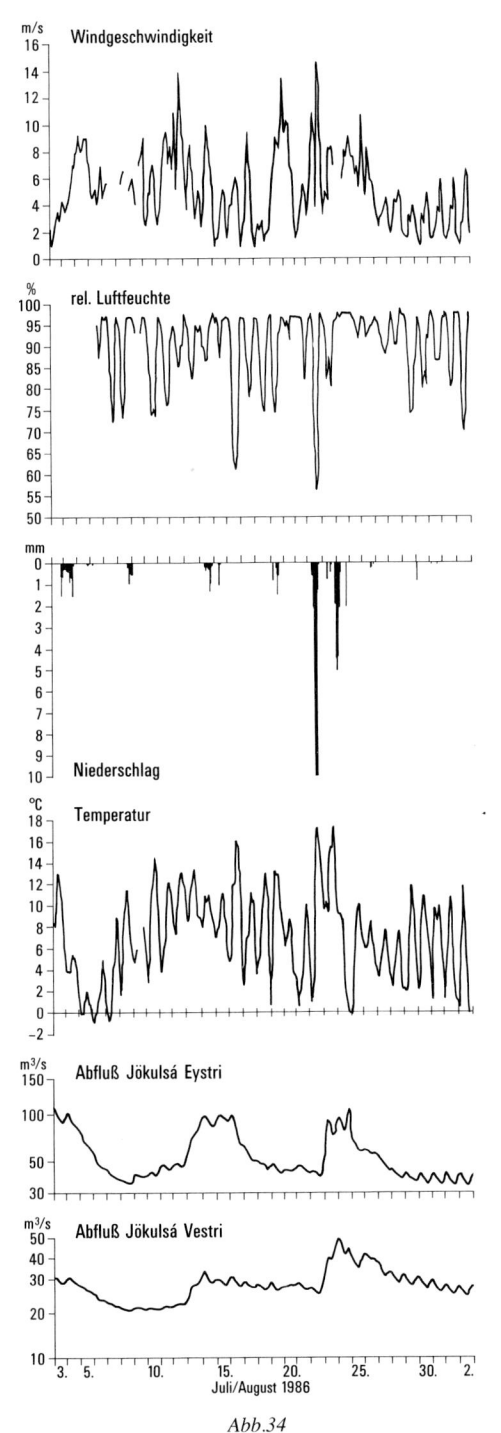

Abb.34
Der Gang von Niederschlag, rel. Luftfeuchte, Windgeschwindigkeit und Lufttemperatur an der Station Orravatnsrústir sowie der Abflußgang von Jökulsá Eystri (vhm 144) und Jökulsá Vestri (vhm 145) im Zeitraum 3.7. bis 3.8.1986.

das Hochland aufgrund der späten und zögernd verlaufenden Schneeschmelze nicht eher zugänglich war. Bis zu diesem Zeitpunkt konzentrierten sich die Untersuchungen auf die Beprobung der Jökulsá Vestri und der Jökulsá Eystri.

Die manuelle Probenahme erfolgte mittels eines von ORKUSTOFNUN zur Verfügung gestellten Schöpfgerätes an einer 2 m langen Stange vom Flußufer aus (Abb. 49, S.126). Je Schöpfvorgang wurde der Sammler, der mit einer 6 mm Eingangsdüse versehen war, im Stromstrich langsam auf ca. 10 cm über den Grund abgesenkt, um mögliche Konzentrationsschwankungen der Schwebstoffe in der Vertikalen zu erfassen. Bei den allgemein hohen Turbulenzen dürfte in den beprobten Flüssen auch die Durchmischung der Suspension im Querschnitt recht homogen sein. Dennoch wurde je Probenahme 3-mal die 450 ml- Glasflasche, die im Schöpfgerät befestigt war, gefüllt, um eine repräsentative Mischprobe zu erhalten.

Aufgrund des engen finanziellen und logistischen Rahmens, der für die Feldarbeiten gesteckt war, erforderten die feldmäßigen Schwebstoffmessungen ein einfaches und schnelles Meß- und Filtrierverfahren mit zufriedenstellender Genauigkeit, das keine hohen Kosten verursacht. So war es z.B. nicht möglich, Feinmembranfilter zu verwenden, da der hierfür notwendige Anschluß einer Saugpumpe die Filterung zu langwierig und zu teuer gemacht hätte. Ebenso unmöglich war es, die Proben zu sammeln und erst nach der Rückkehr nach Göttingen im Labor aufzubereiten. Daher wurde unter Mithilfe von Herrn Dr. Pörtge und Herrn Washausen vom Geographischen Institut der Universität Göttingen eine einfache Filteranlage aus Metallsiebkörben konstruiert und gebaut, in die ein Filterpapier mit ca. 12 µm Poren eingelegt wurde (vgl. Abb.48, S. 126). Je nach Sedimentgehalt dauerte der Durchlauf einer Probe bis zu 6 bis 10 Stunden, wodurch aufgrund der beschränkten Gefäßkapazität nicht uneingeschränkt beprobt werden konnte. So konnten auch bei diesen Untersuchungen keine zeitlich kontinuierlichen Meßreihen erstellt werden. Jedoch war es möglich, rund 200 Punktmessungen in unterschiedlichen Zeitintervallen an verschiedenen Probenahmestellen im Untersuchungsgebiet durchzuführen (vgl. Abb. 1). Die Proben wurden nach der Filterung verlustsicher in Kunststofftüten verpackt und schließlich im Physiogeographischen Labor des Geographischen Institutes aufbereitet und gewogen.

Um den Meßverlust durch das feldmäßige Filtrierverfahren zu erfassen, wurden in Abständen von 3 bis 4 Tagen zwei parallele Proben gezogen, von denen eine als Eichprobe zum Labor von ORKUSTOFNUN nach Reykjavík geschickt und dort routinemäßig analysiert wurde. Nur von diesen, durch Feinmembranfilterung gewonnenen Schwebstoffmengen wurden Korngrößenanalysen durchgeführt, da aufgrund des Feinmaterialverlusts durch das Papierfilterverfahren eine Bestimmung der Fraktionsanteile verfälschte Ergebnisse erbracht hätte. Ein Vergleich der jeweiligen Einwaagen ergab für die einfache Papierfilterung einen relativ geringen Meßverlust von 10% bis 20%, der mit zunehmendem Tonanteil an der Gesamtmenge verständlicherweise zunahm.

Über den reinen Schöpfvorgang hinaus wurden je Probenahme Fließgeschwindigkeit, Luft- und Wassertemperatur, pH-Wert und Leitfähigkeit gemessen sowie eine 100 ml-Wasserprobe für eine Lösungsfrachtanalyse gezogen.

In der zweiten Hälfte des Forschungsaufenthaltes wurden die Zeitintervalle der Schwebmessungen an den Probenahmestellen JE-I und JV-II zugunsten zusätzlicher Einzelmessungen im Oberlauf von Jökulsá Eystri und Jökulsá Vestri sowie an mehreren ihrer Nebenflüsse vergrößert. Die Ergebnisse dieser Messungen sind in Tab. 17 bis 19 niedergelegt. An den meisten dieser Probenahmestellen konnten allerdings keine Fließgeschwindigkeitsmessungen durchgeführt werden, da die Wassertiefen für ein Absenken des Meßflügels zu gering waren. Zur Beurteilung des jeweiligen Abflußganges müssen daher auch die Aufzeichnungen der Hauptpegel herangezogen werden.

Da die Schneeschmelze im Frühjahr 1986, wie oben erwähnt, sehr langsam verlief, scheiterten mehrere Versuche mit dem Geländefahrzeug bereits Ende Juni in die Hochlandbereiche der Flußgebiete zu gelangen, an der Tiefgründigkeit des aufgetauten Bodens. Allerdings beschleunigte das seit dem 22.6. herrschende trockene sonnige Wetter den Tau- und Abtrocknungsprozess des wassergesättigten Bodens. So versickerten Seen von bis 10 m Durchmesser und 40 bis 50 cm Tiefe, die vorher die Fahrspur versperrten, innerhalb von 48 Stunden. Am 25.6. war es möglich, den Eingang zum Hochland zu erreichen und am südwestlichen Rand der Hochfläche Giljámúli nordöstlich der Stafnsvötn bei 65°12' Nord und 18°53' West auf 660 m Höhe ü.M. einen HELLMANN-Regenschreiber zu errichten. Während seiner Laufzeit bis 2. August wurden hier 61,1 mm Niederschlag registriert.

Am 2. Juli 1986 konnte dann die Arbeitshütte an der Lokalität Orravatnsrústir bei 65°6' N und 18°64' W bezogen werden, die Orkustofnun dankenswerter Weise für die Dauer der Geländearbeiten zur Verfügung gestellt hatte. Neben dieser Hütte wurde in ca. 15 km Entfernung vom nördlichen Eisrand des Hofsjökull auf 725 m ü.M. eine Wetterstation installiert. Vom 2. Juli bis 3. August registrierten hier ein weiterer HELLMANN-Regenschreiber, ein Windschreiber nach WÖLFELE sowie ein Sonnenscheinschreiber nach CAMPELL-STOKES und ein Thermohydrograph (vgl. Abb. 47, S. 125).

4.2. Ergebnisse der metereologischen Beobachtungen

Die meteorologischen Messungen im Untersuchungsgebiet galten vor allem dem Niederschlag, den Windverhältnissen, der relativen Luftfeuchtigkeit und der Lufttemperatur. Die Ergebnisse im einzelnen sind in Abb. 34 und 35 wiedergegeben. Vom 2. Juli bis 2. August 1986 fielen an der Station Orravatnsrústir insgesamt 74,5 mm Niederschlag, überwiegend in Form von leichten Landregen. Nur in der Regenperiode vom 22. bis 24. Juli traten höhere Intensitäten bis 10 mm in 2 Stunden auf. Allerdings ist vermutlich gerade bei diesem Ereignis der Meßverlust relativ hoch, da die Niederschläge von starken E/SE-Winden mit Geschwindigkeiten von 5 bis 15 m/s begleitet waren.

Während des Meßzeitraumes betrug die mittlere Windgeschwindigkeit an der Station 5,0 m/s (± 2,7 m/s), wobei NW-Winde mit einem Anteil von ca. 35% an der Beobachtungsdauer dominierten (vgl. Abb.35). Nur 17 Stunden lang, d.h. mit einem Anteil von 2,5%, herrschte Windstille. Der Tagesgang der Windgeschwindigkeit wies regelhafte Schwankungen auf: Während die Winde in den frühen Morgenstunden abflauten, traten die maximalen Windgeschwindigkeiten in der Zeit zwischen 14^{00} und 20^{00} Uhr, also gleichzeitig mit der stärksten Erwärmung, auf. Es handelt sich bei der Luftbewegung überwiegend um katabatische Gletscherwinde vom Hofsjökull.

Die Mitteltemperatur betrug während des Meßzeitraumes 6,7°C (± 2,7°C). Die Tagesmitteltemperaturen lagen zwischen 0,6°C (5.7.) und 12,4°C (23.7.) (vgl. Abb. 33). Die niedrigsten Tagestemperaturen wurden im allgemeinen zwischen 24^{00} und 6^{00} Uhr mit Werten zwischen -1,3°C und 8,3°C registriert. Der Zeitpunkt der höchsten Erwärmung trat meist zwischen 13^{00} und 18^{00} Uhr ein, wobei die Maximumtemperaturen Werte zwischen 2,1°C und 20°C erreichten. Die größte Tagestemperaturamplitude von 17,1°C wurde am 22.7. registriert: Von 0,9°C um 3^{00}

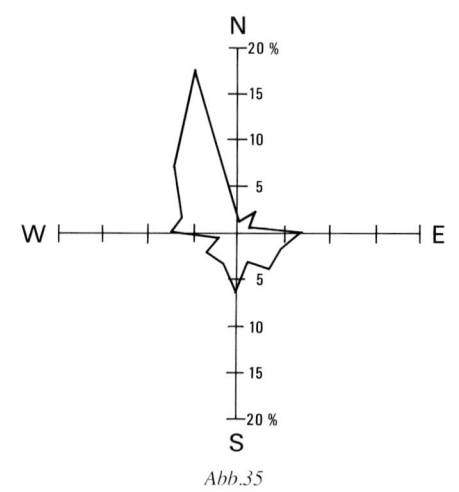

Abb.35
Windrichtungen an der Station Orravatnsrústir im Zeitraum vom 2.7. bis 2.8.1986 (%-Anteile).

Uhr stieg die Temperatur bis 15^{00} Uhr auf 18°C. Der kälteste Tag des Meßzeitraums, der 5.7., wies mit nur 2,7°C die geringste Tagesschwankung auf.

Die Korrelation mit den zur gleichen Zeit in Hveravellir gemessenen Temperaturen ist durch einen Koeffizienten von 0,93 beschrieben, wobei in Hveravellir mit 6,1°C eine etwas niedrigere Mitteltemperatur als an der Station Orravatnsrústir herrschte.

Auch die relative Luftfeuchtigkeit unterlag einem regelhaften Tagesgang, der, wie die Windgeschwindigkeit, in erster Linie von den Einstrahlungs- bzw. Temperaturverhältnissen gesteuert wurde. Die geringsten Werte traten in den frühen Nachmittagsstunden von 14^{00} bis 16^{00} Uhr auf; die höchste relative Luftfeuchte wurde Nachts zwischen 22^{00} und 6^{00} Uhr registriert. Im Mittel betrug die relative Luftfeuchte 90,5% (± 8,3%).

Nur am 22.7. sank die relative Luftfeuchtigkeit von 12^{00} bis 16^{00} Uhr auf unter 60%. In diesen Stunden hatte sich die Luft auf 15°C bis 17°C erwärmt, der Wind blies wechselnd aus süd- bis westlichen Richtungen. Seine Geschwindigkeiten von 9 bis 4 m/s waren für die Tageszeit verhältnismäßig gering. Seit den Mittagsstunden des Vortages war der Himmel unbewölkt, so daß bis zum Nachmittag des 22.7. starke Einstrahlung herrschte. Erst gegen 16^{00} zogen Wolken auf. Die Temperaturen sanken bis 19^{00} Uhr auf 12°C bis 13°C, blieben aber in der Nacht mit 10°C relativ hoch. Von 17^{00} bis 18^{00} Uhr erhöhte sich die Windgeschwindigkeit auf das Maximum von 15 m/s, die relative Luftfeuchte stieg rapide auf 95%. Um 18^{00} Uhr setzten zunächst leichte Niederschläge ein, die sich im Laufe der Nacht verstärkten: Bis 2^{00} Uhr morgens (23.7.) wurden 30 mm registriert. Der Ausklang der Niederschläge gegen 22^{00} Uhr am 24.7. war von einem Temperatursturz auf Werte um den Gefrierpunkt begleitet. Bei einer relativen Luftfeuchtigkeit von 98% überzog dichter Eisnebel das Hochland.

4.3. Ergebnisse der Abfluß- und Schwebfrachtmessungen in der Jökulsá Eystri und der Jökulsá Vestri

Das an den Pegeln vhm 144 und vhm 145 herrschende Abflußverhalten von Jökulsá Eystri und Jökulsá Vestri sowie die Ergebnisse der Schwebstoffmessungen im Beobachtungszeitraum 1986 sind in Abb. 36 wiedergegeben.

In der Zeit vom 23.6. bis 2.8.1986 herrschte in der Jökulsá Eystri ein mittlerer Abfluß von 80,2 m^3/s (± 40 m^3/s), in der Jökulsá Vestri ein solcher von 31,5 m^3/s (± 6 m^3/s). Der höchste

Abflußwert dieses Zeitraumes wurde in der Jökulsá Eystri während hochnivaler Abflüsse am ersten Tag der Meßperiode, am 23.6.1986, um 23^{00} Uhr mit 215 m^3/s gemessen. Einen Tag zuvor hatte die absolute nivale Abflußspitze des Jahres den Pegel mit 233 m^3/s passiert. Die niedrigste Wassermenge der Meßperiode von 34 m^3/s floß am 2.8. ab, als die herrschenden glazialen Abflüsse um 20^{00} Uhr ein Tagesminimum erreichten.

Das Abflußmaximum der Jökulsá Vestri im Meßzeitraum vom 23.6. bis 2.8. 1986 wurde mit 50 m^3/s am 24.7. um 2^{00} Uhr im Zusammenhang mit dem oben beschriebenen Niederschlagsereignis registriert (vgl. Abb. 35). Die geringsten Abflußwerte wurden nach der Kältephase vom 5.7. bis 7.7. mit 21 m^3/s gemessen.

Die seit dem 30.6. bei jeder Probenahme durchgeführten Messungen der Fließgeschwindigkeiten ergaben für die Jökulsá Eystri einen mittleren Wert von 1,12 m/s ($\pm$ 0,3m/s). Die mittlere Fließgeschwindigkeit der Jökulsá Vestri betrug 1,41 m/s ($\pm$ 0,3 m/s). Bei höheren Fließgeschwindigkeiten um 2 m/s war in beiden Flüssen das grollende Geräusch des Gerölltriebes hörbar, das auch BARSCH (1981) von Flüssen auf Ellesmere Island beschrieben hat.

In beiden Flüssen wurden an den Pegelstellen in der Zeit vom 23.6. bis 2.8. insgesamt jeweils 37 Schwebfrachtmessungen durchgeführt (Abb. 36). Sie ergaben für die Jökulsá Eystri eine mittlere Schwebkonzentration von 103 mg/l ($\pm$ 118 mg/l), für die Jökulsá Vestri eine solche von 101 mg/l ($\pm$ 109 mg/l).

Die ersten Schwebmessungen der Jökulsá Eystri erfaßten den Abfluß kurz nach der nivalen Abflußspitze. Die Ergebnisse geben also die Verhältnisse während der hochnivalen Regimephase wieder, die bis zum 5.7. andauerte. Die Schwebstoffkonzentrationen lagen in dieser Zeit zwischen 18 mg/l bis 522 mg/l (Höchstwert der Meßreihe).

In der Jökulsá Vestri hatte die hochnivale Phase bereits Mitte Juni stattgefunden, wobei die Abflußspitze am 14.6. mit 62 m^3/s relativ niedrig blieb. Die Messungen erfassten hier die Schwebführung in der spätnivalen Regimephase. Mit 18 mg/l bis 340 mg/l lagen die ermittelten Werte für die Materialkonzentration deutlich unter denen der Jökulsá Eystri.

Der Kälteeinbruch vom 5.7. bis 7.7 beendete in beiden Flüssen das nivale Abflußregime. Die anschließenden niedrigen postnivalen Abflüsse von durchschnittlich 40 m^3/s (Jökulsá Eystri) bzw. 22 m^3/s (Jökulsá Vestri) wiesen nur noch geringe Tagesschwankungen auf. Auch die Schwebführung war gering: In der Jökulsá Eystri wurden bis zum 22.7. Konzentrationen von nur 5 mg/l bis 30 mg/l gemessen; in der Jökulsá Vestri lagen sie mit 18 mg/l bis 70 mg/l etwas höher.

Lediglich die Schwebstoffproben, die während der bzw. nach den leichten Niederschlägen vom 13.7. bis 15.7. von insgesamt 20 mm (Station Orravatnsrústir) genommen wurden, wiesen erhöhte Feststoffmengen auf. In der Jökulsá Eystri wurde am 15.7. um 12^{00} Uhr bei einem Abfluß von 94 m^3/s mit einer Fließgeschwindigkeit von 1,16 m/s eine Schwebmenge von 112 mg/l gemessen; in der Jökulsá Vestri betrug die Schwebkonzentration 120 mg/l bei einem Abfluß von 31 m^3/s mit einer Fließgeschwindigkeit von 1,74 m/s.

Während nach dem pluvialen Ereignis am 13./15.7. in der Jökulsá Eystri der Abfluß wieder deutlich auf 40 m^3/s absinkt, bleiben die Abflußwerte der Jökulsá Vestri mit rund 30 m^3/s erhöht. Die zwar noch unregelmäßigen, aber doch wieder stärker ausgeprägten Tagesschwankungen deuten auf den Beginn glazialer Abflüsse in diesem Flußgebiet hin. Auch die Schwebmessungen am 18. und 22.7. ergaben für die Jökulsá Vestri mit 70 mg/l bzw. 73 mg/l

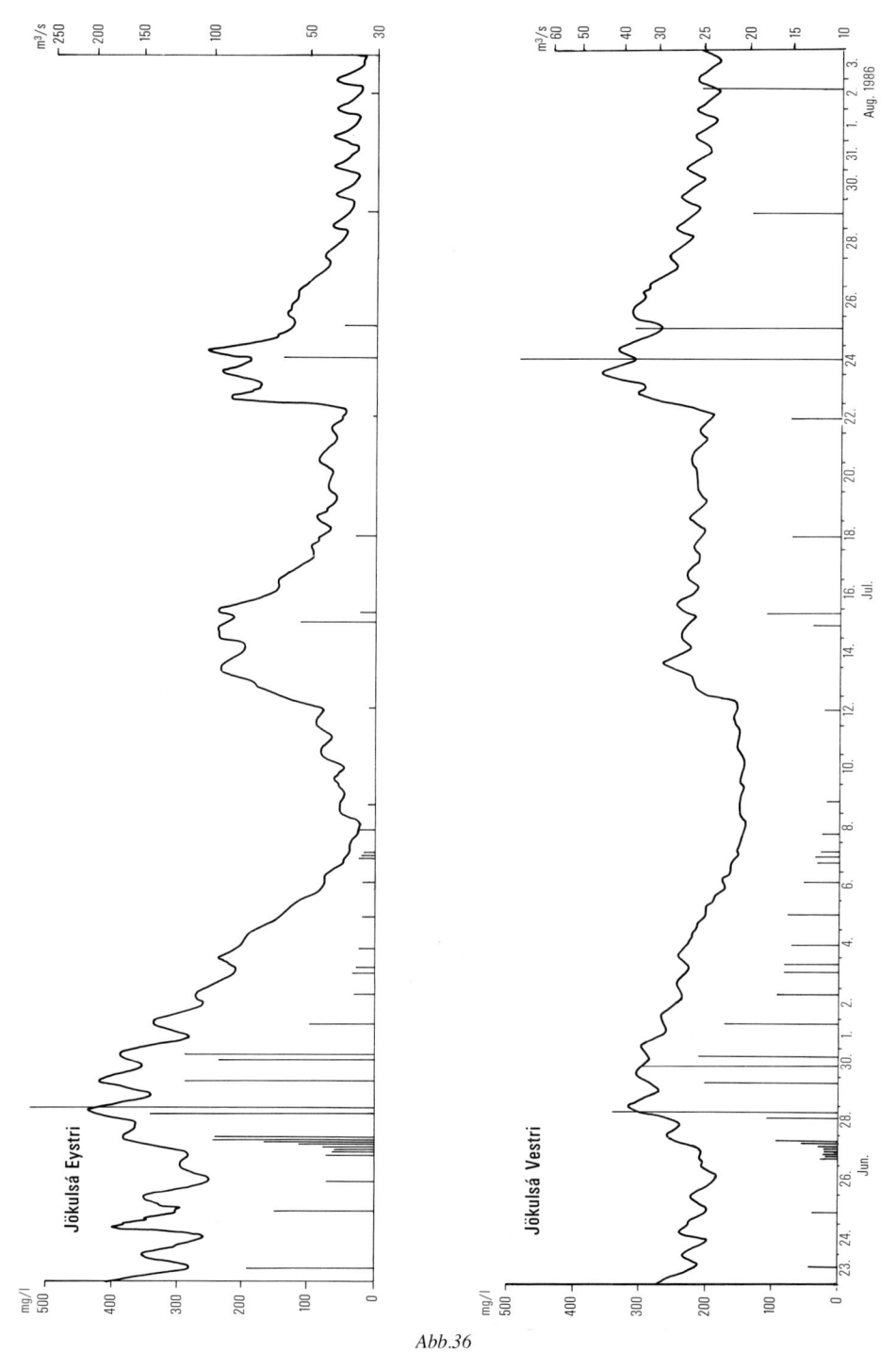

Abb.36
Der Abflußgang und die Schwebstoffkonzentration von Jökulsá Eystri und Jökulsá Vestri vom 23.6. bis 3.8.1986.

wesentlich höhere Beträge als für die Jökulsá Eystri, wo nur 30 mg/l bis 5 mg/l Schweb festgestellt wurden.

Wenige Stunden nach den Schwebmessungen am 22.7. um 13^{00} bzw. 13^{45} Uhr begann am Nachmittag das bereits geschilderte Niederschlagsereignis (vgl. S. 107), auf das beide Flüsse mit einem deutlichen Anstieg der Abflußmenge reagierten (vgl. Abb. 36). In der Jökulsá Eystri wurden um 20^{00} Uhr am 22.7. 40 m^3/s gemessen; bis 6^{00} Uhr am 23.7. hatte sich der Abflußwert auf 88 m^3/s erhöht. In der Jökulsá Vestri stieg der Abfluß von 27 m^3/s auf 40 m^3/s. Nach geringfügigem Rückgang am Mittag des 23.7. setzte sich die Abflußerhöhung fort, bis mit rund 50 m^3/s um 2^{00} Uhr am 24.7. der Scheitelpunkt der Abflußwelle den Pegel vhm 145 passierte. Als am 24.7. um 13^{30} bzw. 13^{40} die Schwebführung der Jökulsá Eystri gemessen wurde, befand sich der Abfluß nach dem Tagesminimum im Anstieg (vgl. Abb. 37). Während der ersten Probenahme betrug die Abflußmenge 78 m^3/s, bei einer Fließgeschwindigkeit von 1,02 m/s. Es wurde eine Schwebkonzentration von 142 mg/l ermittelt. Bis zur zweiten Probenahme erhöhte sich die Abflußmenge leicht auf 84 m^3/s, bei einer Fließgeschwindigkeit von 1,04 m/s. Die Schwebmenge betrug 196 mg/l. Die Korngrößenanalyse ergab folgende Fraktionsanteile: 2% Sand, 30% Grobschluff, 50% Feinschluff und 2% Ton.

Die anschließende Schwebstoffmessung in der Jökulsá Vestri ergab um 14^{00} Uhr eine Feststoffmenge von 483 mg/l bei einem Abfluß von 40 m^3/s (vgl. Abb. 37). Die Fließgeschwindigkeit betrug 1,68 m/s. Eine Viertelstunde später war der Abfluß auf 43 m^3/s, die Fließgeschwindigkeit auf 1,72 m/s angestiegen. In dieser Probe befand sich eine Materialkonzentration von 590 mg/l, was den maximalen Wert der Probenreihe darstellt. Die Schwebmenge setzte sich zusammen aus: 2% Sand, 46% Grobschluff, 41% Feinschluff und 11% Ton.

Nach dem Durchfluß dieser Welle gingen die Abflußmengen auf Werte um 40 m^3/s in der Jökulsá Eystri, bzw. 30 m^3/s in der Jökulsá Vestri zurück. Die dabei auftretenden sehr regelmäßigen Tagesschwankungen sind charakteristisch für das glaziale Abflußregime.

Die während dieses Abflußregimes am 29.7. und 2.8. durchgeführten Schwebstoffmessungen der Jökulsá Eystri ergaben bei Abflüssen von 38 m^3/s bzw. 35 m^3/s und Fließgeschwindigkeiten um 0,9 m/s nur geringe Konzentrationen von 8 mg/l und 14 mg/l. Die Jökulsá Vestri führte dagegen bei Abflüssen von 29 m^3/s und 25 m^3/s (Fließgeschwindigkeiten: 1,13 m/s bzw. 1,24 m/s) relativ hohe Frachten von 157 mg/l und 206 mg/l, wobei die erste Probe bei fallendem, die zweite bei steigendem Abfluß gezogen wurde.

Wie stark die Schwebführung auch vom täglichen Abflußgang abhängig ist, zeigen die Ergebnisse der ersten 14 Tage des Meßprogramms, in denen die Gletscherflüsse in kürzeren Zeitintervallen beprobt wurden.

So betrug z.B. am 28. Juni um 16^{30} Uhr der Abfluß der Jökulsá Eystri 183 m^3/s, bei einer Fließgeschwindigkeit von 1,75 m/s. Die Schwebmessung ergab eine Konzentration von 340 mg/l. Bis 22^{00} Uhr war der Abfluß auf 207 m^3/s bei 1,99 m/s angestiegen: Die Schwebmenge belief sich nun auf 522 mg/l.

Am 30.6. stieg der Abfluß von 157 m^3/s bei einer Fließgeschwindigkeit von 1,79 m/s (12^{30} Uhr) auf 174 m^3/s bei einer Fließgeschwindigkeit von 1,83 m/s (18^{45} Uhr). Die Messung um 12^{30} Uhr ergab eine Suspensionskonzentration von 235 mg/l, die um 18^{45} Uhr gezogene Probe enthielt 286 mg/l Feststoffe.

Die Jökulsá Vestri wurde an den gleichen Tagen mit leichter zeitlicher Versetzung beprobt: Am 28.6. stieg der Abfluß am Pegel vhm 145 von 33 m^3/s bei einer Fließgeschwindigkeit von

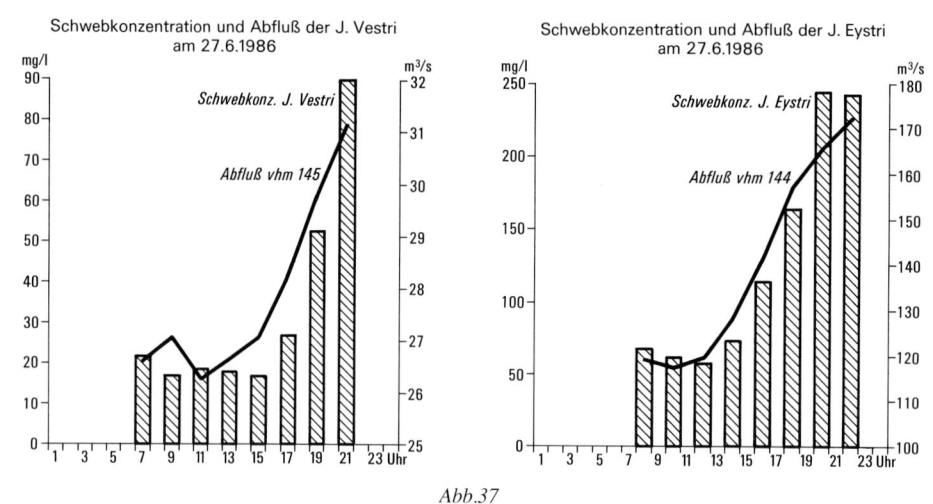

Abb.37
Der Tagesgang von Abfluß und Schwebtransport der Jökulsá Eystri und der Jökulsá Vestri am 27.7.1986.

1,31 m/s um 17^{00} Uhr auf 39 m^3/s bei einer Fließgeschwindigkeit von 2,17 m/s um 22^{45} Uhr. Die Schwebstoffkonzentration erhöhte sich im Verlauf dieser Zeit von 106 mg/l auf 340 mg/l.

Am 30.6. wurde bei der Schwebmessung um 11^{30} Uhr ein Abfluß von 39 m^3/s bei einer Fließgeschwindigkeit von 2,21 m^3/s erfaßt. Die Messung ergab 296 mg/l Feststoffkonzentration. Kurz nach dem Abflußminimum dieses Tages betrug der Abfluß 36 m^3/s, wobei eine Fließgeschwindigkeit von 2,05 m/s herrschte. Die Schwebkonzentration hatte sich auf 210 mg/l verringert.

Auch die Ergebnisse der Beprobung der beiden Flüsse am 27. Juni 1986 in zweistündlichen Intervallen die in Abb. 37 dargestellt sind, machen deutlich, wie eng die Mengen der transportierten Schwebstoffe mit den täglichen Abflußfluktuationen einhergehen.

4.4. Die Schwebfracht verschiedener Nebenflüsse der Jökulsá Eystri und Jökulsá Vestri

Die Messung der fluvialen Schwebfracht erstreckten sich außer auf die Jökulsá Eystri und die Jökulsá Vestri auch auf verschiedene Nebenflüsse in den Einzugsgebieten. Die Ergebnisse dieser Untersuchungen finden sich in Tab. 17 und 18 zusammengestellt.

Die in Tab. 17 zusammengefaßten Ergebnisse von vier Stichproben, die an den Probenahmestellen H-III in der Hofsá und JV-IV in der Jökulsá Vestri kurz vor ihrem Zusammenfluß genommen wurden, geben einen Eindruck von den unterschiedlichen Beiträgen zur Materialfracht aus den beiden Flußgebieten. Von dem bis zur Meßstelle JV-VI rund 260 km^2 umfassenden Teileinzugsgebiet der Jökulsá Vestri sind ca. 13% vergletschert. Das 490 km^2 große Einzugsgebiet der Hofsá ist zu 6% vom Eis des Hofsjökull bedeckt. Während das Gebiet der Jökulsá Vestri größtenteils von Alten und Jungen Grauen Basalten eingenommen wird, dominiert im Einzugsgebiet der Hofsá großflächig der Moränendetritus. Nur im südlichsten Teil stehen mit Palagoniten Festgesteine an.

Tab.17:

Ergebnisse der Schwebstoffmessungen der Hofsá (H-III) und der Jökulsá Vestri (JV-IV).

Hofsá (H-III):

Datum	Uhr	T_L(°C)	T_W(°C)	LF(µS)	pH	v(m/s)	Schweb. (mg/l)
30.6.	17:10	19,6	13,0	56,4	7,4	1,18	68
12.7.	14:00	18,0	13,4	74,5	7,3	0,93	4
22.7.	12:30	18,4	9,6	78,0	6,9	1,05	10
24.7.	17:30	2,8	6,3	80,0	7,4	1,78	531

Jökulsá Vestri (JV-IV):

Datum	Uhr	T_L(°C)	T_W(°C)	LF(µS)	pH	v(m/s)	Schweb. (mg/l)
30.6.	17:30	16,5	10,3	51,3	7,5	1,19	235
12.7.	13:45	16,1	8,6	88,9	7,3	0,74	52
22.7.	12:00	16,9	5,4	78,5	7,5	1,69	178
24.7.	18:00	3,0	6,1	-	7,3	1,72	266

T_L = Lufttemperatur, T_W = Wassertemperatur, LF = Leitfähigkeit, v = Fließgeschwindigkeit.

Die Meßergebnisse machen deutlich, daß offensichtlich aus dem kleineren, aber stärker glazial beeinflußten Teileinzugsgebiet der Jökulsá Vestri ein größerer Anteil zur Gesamtschwebfracht geliefert wird, als aus dem größeren Flußgebiet der Hofsá mit einem geringeren Anteil an vergletschertem Einzugsgebiet. Die Schwebkonzentration in der Hofsá betrug nur 5% bis 30% der Materialfracht der Jökulsá Vestri. Dabei weichen während des nivalen Abflußregimes die Fließgeschwindigkeiten nur geringfügig voneinander ab, wogegen sie während des glazialen Abflußregimes zur Probenahme am 22.7. in der Jökulsá Vestri eine deutlich höhere Fließgeschwindigkeit aufweisen. Die beobachtete leichte Trübung der Hofsá klärte sich mit dem Abklingen der nivalen Abflüsse; das Wasser der Jökulsá Vestri wies stets eine mehr oder weniger starke milchig-braune Trübung auf. Lediglich während bzw. nach den Niederschlägen vom 22.-24.7. war auch die Hofsá deutlich mit braun-trüber Sedimentfracht beladen, deren Konzentration am 24.7. nahezu doppelt so hoch war, wie die der Jökulsá Vestri.

Ca. 7 km unterhalb des Eisrandes wurde an den Meßstellen F-X in der Fossá (vgl. Abb. 50, S. 127) und JV-XI in der Austurkvísl (vgl. Abb. 51, S. 127) die Feststofffracht in zwei reinen Gletscherflüssen gemessen.

Die Fossá stellt den einzigen direkten glazialen Zufluß zur Hofsá dar. Ihr Einzugsgebiet umfaßt bis zu Probenahmestelle F-X ca. 50 km², von denen 62% vergletschert sind. Die Austurkvísl ist einer der beiden Gletscherflußarme, die sich ca. 15 km nördlich des Gletscherrandes zur

Tab.18:
Ergebnisse der Schwebstoffmessungen in der Fossá (F-X) und in der Austurkvísl (JV-XI)

Fossá (F-X):

Datum	Uhr	T_L(°C)	T_w(°C)	LF(µS)	pH	v(m/s)	Schweb. (mg/l)
17.7.	16[00]	9,4	6,4	26,0	7,1	mittel	535
23.7.	14[30]	12,7	9,5	14,6	6,9	hoch	2825
2.8.	11[45]	8,9	6,1	28,6	7,5	niedrig	165

Austurkvísl (JV-XI):

Datum	Uhr	T_L(°C)	T_w(°C)	LF(µS)	pH	v(m/s)	Schweb. (mg/l)
17.7.	16[45]	10,2	4,0	29,5	7,2	mittel	123
23.7.	14[30]	12,8	6,2	23,2	6,9	hoch	1458
2.8.	12[20]	8,2	6,8	29,2	7,3	niedrig	9

T_L = Lufttemperatur, T_w = Wassertemperatur, LF = Leitfähigkeit, v = Fließgeschwindigkeit.

Jökulsá Vestri vereinigen. Das vergletscherte Einzugsgebiet der Austurkvísl umfaßt nur ca. 34 km^2 und macht rund 50% des gesamten Gletschergebietes der Jökulsá Vestri aus. Zuzüglich des nicht-vergletscherten Teil-Flußgebietes mit einer Fläche von ca. 7 km^2, umfaßt das Einzugsgebiet der Austurkvísl bis zur Probenahmestelle JV-XI ca. 41 km^2, von denen über 80% vergletschert sind.

Da beide Flüsse im Oberlauf bei geringem Gefälle breite flache Wasserläufe aufweisen, konnte mit dem OTT-Meßflügel keine Fließgeschwindigkeitsmessung durchgeführt werden. Aufgrund der Beobachtungen während des Geländeaufenthaltes wurde die Fließgeschwindigkeit geschätzt. Die erste Probe erfaßte beide Flüsse zu Beginn der glazialen Abflußphase zwei Tage nach dem Niederschlagsereignis vom 14./15.7. Der Tagesabfluß wies den für die Nachmittagsstunden typischen Anstieg auf.

Auch am 23.7. herrschte während der Probennahme glazialer Abfluß. Allerdings führten beide Flüsse abweichend vom charakteristischen Tagesgang in den Mittagsstunden statt des üblichen Niedrigwassers extremes Hochwasser, das nicht nur auf die nächtlichen Niederschläge, sondern auch auf die relativ hohen Nachttemperaturen (10°C) zurückzuführen ist. Beide Flüsse waren schlammig-braun getrübt, die gemessenen Schwebkonzentrationen von 2825 mg/l in der Fossá und 1458 mg/l in der Jökulsá Vestri stellten absolute Höchstmarken im Meßzeitraum dar. Die Korngrößenanalyse ergab eine Dominanz der Grobfracht in beiden Flüssen: 8% Sand, 83% Grobschluff in der Fossá, 26% Sand, 65% Grobschluff in der Jökulsá Vestri; nur 8% bzw. 9% waren Feinschwebanteile.

Tab. 19:

Ergebnisse der Schwebstoffmessungen in der Jökulsá Eystri bei Austurburgur (JE-VI).

Datum	Uhr	$T_L(°C)$	$T_W(°C)$	LF(µS)	pH	v(m/s)	Schweb. (mg/l)
16.7.	16^{20}	16,3	12,9	48,1	7,5	1,08	122
21.7.	14^{00}	6,9	4,7	52,4	7,5	--	44
25.7.	11^{15}	5,9	3,6	54,1	7,6	1,41	245
26.7.	12^{00}	6,0	4,5	44,8	7,3	--	178
28.7.	13^{45}	6,9	6,4	56,3	7,6	1,47	54
3.8.	12^{50}	9,7	6,9	56,5	7,3	1,47	48

T_L = Lufttemperatur, T_W = Wassertemperatur, LF = Leitfähigkeit, v = Fließgeschwindigkeit.

Auch die Meßergebnisse an der Probenstelle JE-VI in der Jökulsá Eystri bei Austurburgur (vgl. Abb. 53, S. 128; Flußgebiet: 205 km² mit 50%-iger Vergletscherung) zeichnen ein vergleichbares Bild (vgl. Tab. 19). Wenn auch die Gesamtmenge des transportierten Materials geringer war als in der Austurkvísl und der Fossá, machte sich doch auch hier das Niederschlagsereignis durch erhöhte Sedimentfracht bemerkbar. Bei den am 25.7. gemessenen 245 mg/l betrugen der Grobmaterialanteil 74% (26% Sand, 48% Grobschluff) und die Feinfracht 26%, wobei der Tonanteil mit 16% relativ hoch lag.

In den Hochlandnebenflüssen der Jökulsá Eystri, wie z.B. Strangilaekur, Hnjúkskvísl und Laugakvísl (Probenahmestellen S-VII bis L-IX) war der Schwebstoffgehalt so gering, daß er nicht gemessen werden konnte. In diesen reinen Oberflächen- bzw. Quellflüssen scheint nach den durchgeführten Messungen der Lösungsaustrag gegenüber der Feststofffracht zu dominieren.

5. Zusammenfassende Betrachtung des Schwebfrachttransportes

Im Zeitraum von April 1974 bis Juli 1986 wurden in der Jökulsá Vestri insgesamt 100 Schwebstoffmessungen durchgeführt, die aufgrund des Beprobungsmodus' über das gesamte hydrologische Jahr verteilt sind und somit sehr unterschiedliche Abflußverhältnisse erfassen. In dem oben genannten Meßzeitraum betrug die mittlere Schwebkonzentration in der Jökulsá Vestri 276 mg/l (± 488 mg/l), bei einem mittleren Abfluß zum Zeitpunkt der Probenahme von 28,1 m³/s (± 17 m³/s), woraus sich eine durchschnittliche Transportrate von 7,7 kg/s (± 26,8 kg/s) ergibt. Die absoluten Schwankungen der gemessenen Schwebstoffkonzentrationen sind durch Extremwerte von 5 mg/l während der konstant niedrigen spät-winterlichen Abflüsse bei anhaltendem Frost und von 2713 mg/l in der hochglazialen Regimephase während eines Niederschlagsereignisses gekennzeichnet.

Schon bei der jahreszeitlichen Differenzierung des Abflußganges der Gletscherflüsse wurde deutlich, daß 1.) thermische Parameter in der Abflußsteuerung dominieren und daß 2.) das Abflußverhalten in einzelnen Monaten von Jahr zu Jahr infolge des jeweiligen Witterungsverlaufs sehr stark variiert. Um dieser saisonalen Varianz, den unterschiedlichen Abflußphasen, deren Überschneidung, Ausprägung und ihrem Einfluß auf den fluvialen Materialtransport gerecht zu werden, wurde die in Tab. 20 und Abb. 30 zusammengefaßte, über die rein kalendarische Einteilung hinausgehende Differenzierung des hydrologischen Jahres entwickelt.

Tab.20:

Die saisonale Differenzierung des fluvialen Materialtransports der Jökulsá Vestri, Mittelwerte der Proben aus den Jahren 1974 bis 1986.

Regime-phasen	Abfluß m³/s	Schweb mg/l	T-rate kg/s	Korngrößen %-Anteile			
				S	GS	FS	T
WINTER							
Frühwinter	17	27	0,44	30	30	31	9
Hochwinter	15	25	0,36	28	34	36	2
Spätwinter	15	20	0,29	23	37	33	5
NIVAL							
Frühnival	28	93	2,60	29	38	29	3
Hochnival	92	354	32,50	51	30	18	1
Spätnival	29	30	0,88	12	36	45	7
Postnival	22	11	0,25	18	27	48	7
GLAZIAL							
Frühglazial	27	280	7,62	14	39	35	12
Hochglazial	35	902	31,94	22	47	25	6
Spätglazial	22	179	3,92	14	31	42	13

S = Sand, GS = Grobschluff, FS = Feinschluff, T = Ton

Das winterliche Abflußregime der Jökulsá Vestri ist gekennzeichnet durch niedrige Abflußmengen und geringe Schwebkonzentrationen. Nennenswerte Abfluß- und Schwebfrachtschwankungen treten nur im Zusammenhang mit meist temperaturbedingten Einzelereignissen auf. Während der frühwinterlichen Regimephase sorgen zahlreiche Frostwechseltage und dazwischen auftretende Frostperioden für den Beginn der Schneedeckenakkumulation. Infolge der kühlen Temperaturen weist der Abfluß, der überwiegend aus verzögert abfließendem Gletscherschmelzwasser besteht, eine fallende Tendenz auf. Die Tagesschwankungen liegen bei 0,1 - 0,5 m³/s. Die höchste Schwebkonzentration in der frühwinterlichen Phase von 32 mg/l wurde bei einem Abfluß von 16,8 m³/s nach Niederschlägen mittlerer Intensität im Oktober 1979 gemessen.

Abb.38

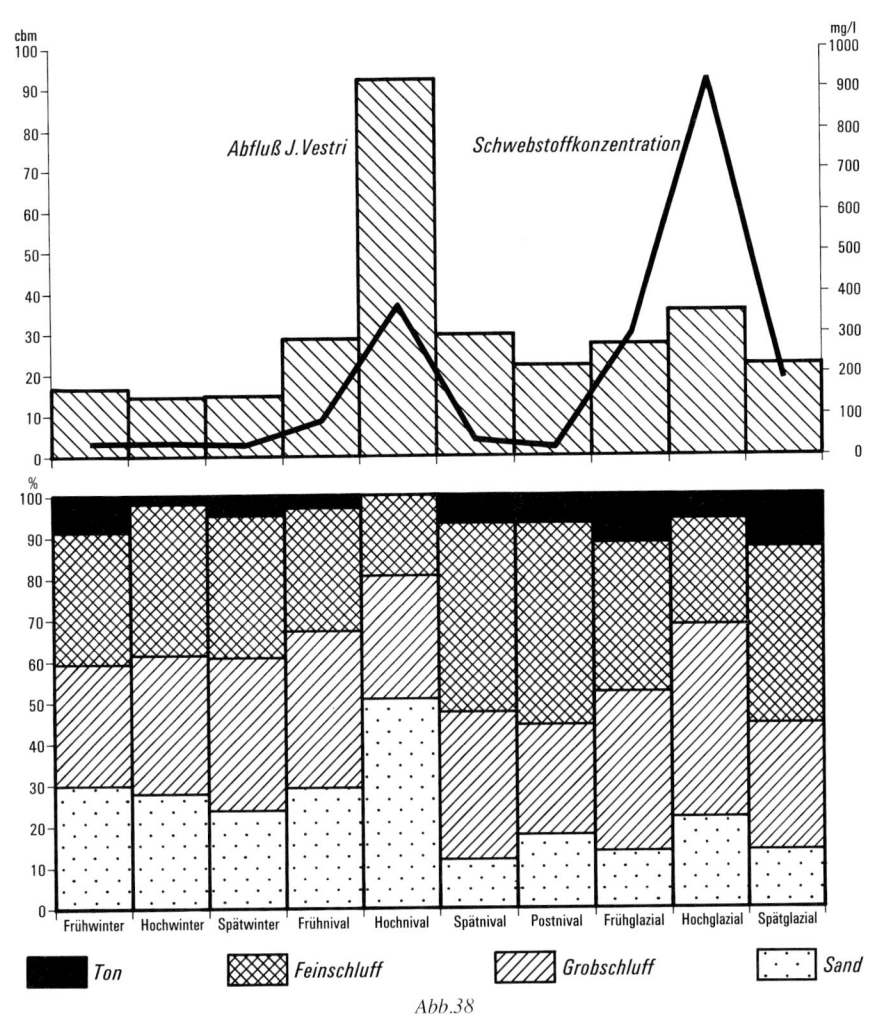

Abfluß, Schwebfrachtkonzentration und Korngößenkomposition der Jökulsá Vestri in saisonaler Differenzierung, Mittelwerte 1974-1986.

Während der hochwinterlichen Regimephase stagniert der Abfluß auf Basisabflußniveau, es treten keine Tagesschwankungen mehr auf. Die im allgemeinen lang anhaltenden Frostperioden werden nur selten von Tauwetter, dann aber häufig in Verbindung mit Niederschlägen unterbrochen. Nach einem solchen Temperaturanstieg mit starken Niederschlägen von insgesamt 64 mm Höhe im Februar 1979 wurden in zwei aufeinanderfolgenden Proben die absolut höchsten Schwebkonzentrationen der Jökulsá Vestri in der hochwinterlichen Phase gemessen: 68 mg/l und 1068 mg/l bei einem Abfluß von 18 m^3/s mit stark ansteigender Tendenz. Die geringste Schwebmenge der hochwinterlichen Regimephase von 8 mg/l, bei einem Abfluß von 13,8 m^3/s wurde im Februar 1980 vier Tage nach einer weniger starken, ebenfalls niederschlagsbedingten Abflußwelle festgestellt.

Auch in der spätwinterlichen Regimephase dominiert der Basisabfluß. Allerdings sorgen hier wieder zahlreicher Tauperioden für eine leicht steigende Abflußtendenz mit beginnenden

Tagesschwankungen. So wurde die höchste Schwebkonzentration von 37 mg/l bei einem Abfluß von 13,6 m^3/s in dieser Regimephase kurz vor dem Maximum einer Tagesabflußwelle im April 1983 gemessen. Dagegen betrug die Schwebmenge bei fallendem Abfluß nach einer temperaturbedingten Abflußwelle im April 1982 nur 5 mg/l bei einer Abflußmenge von 17,1 m^3/s. Die weitgehende Gleichmäßigkeit des winterlichen Abflußregimes mit Dominanz des Basisabflusses wird durch den Beginn der Schneeschmelze im Einzugsgebiet beendet.

Der Verlauf des nivalen Abflußregimes ist eindeutig temperaturgesteuert: entweder ruckartig und schnell oder zögernd und langsam. Das lebhafte Abflußgeschehen bringt eine hohe Varabilität des fluvialen Materialtransports mit sich. Der beginnenden Abbau der winterlichen Schneedecke bewirkt in der frühnivalen Regimephase deutlich ansteigende Abfluß- und Schwebwerte, die entsprechend der großen Tagesabflußamplitude von 10 - 50 m^3/s, in Extremfällen bis 100 m^3/s, großen Schwankungen unterliegen. So wurden im Anstieg einer sekundären Flutwelle der frühnivalen Phase 1986 auf dem Tagesabflußminimum 19 mg/l bei einem Abfluß von 19 m^3/s gemessen; sieben Stunden später hatte sich der Abfluß auf 26,7 m^3/s erhöht und die Schwebmenge war auf 309 mg/l gestiegen.

Die hochnivale Regimephase dauert oft nur wenige Tage an. Die bei konstant positiven Lufttemperaturen ablaufende Hauptschneeschmelze erbringt die absoluten Spitzenabflüsse des hydrologischen Jahres mit großen Schwebmengen. Tagesschwankungen von 100 - 150 m^3/s sorgen für eine hohe Kurzzeitvariabilität von Abfluß- und Schwebmengen. Während der kurzen ruckartigen Schneeschmelze 1978 betrug die Schwebfracht der Jökulsá Vestri rund vier Stunden vor dem extremen Scheitelabfluß 859 mg/l, bei einem Abfluß von 115 m^3/s. Im langsamer verlaufenden nivalen Hochwasser des Jahres 1983 wurde dagegen rund 46 Stunden nach der Abflußspitze eine Schwebmenge von 153 mg/l bei einem Abfluß von 84 m^3/s gemessen.

Während der spätnivalen Regimephase, nach dem Abebben der nivalen Spitzenabflüsse, geht trotz steigender positiver Lufttemperaturen der Abfluß deutlich zurück. Die Tagesschwankungen reduzieren sich auf 4 - 40 m^3/s. Die in dieser Regimephase allgemein geringe Schwebfrachtkonzentration der Jökulsá Vestri erhöht sich nur im Verlauf einzelner temperaturbedingter Flutwellen. So wurde im Anstieg einer solcher spätnivalen Abflußwelle im Jahr 1982 eine Schwebmenge von 32 mg/l bei einem Abfluß von 27,1 m^3/s gemessen; beim Abklingen dieser Welle betrug die Schwebmenge noch 25 mg/l bei einem Abfluß von 22,2 m^3/s. Die mit Abstand höchste Schwebkonzentration dieser Regimephase wurde im Ausklang der kurzen heftigen Schneeschmelze 1979 mit 79 mg/l bei einem Abfluß von 53,6 m^3/s registriert.

In der postnivalen Regimephase, zwischen dem Abschluß der Schneeschmelze und dem Beginn der Gletscherablation, stagniert der Abfluß trotz steigender Lufttemperaturen auf sehr geringen Werten ohne nennenswerte Tagesschwankungen aufzuweisen. In dieser Phase findet auch kaum fluvialer Materialtransport statt: So wurde im Juni 1979 nach einer leichten niederschlagsbedingten Abflußerhöhung nur 7 mg/l Schweb bei einem Abfluß von 19,2 m^3/s gemessen.

Wenn die mittlere tägliche Lufttemperatur konstant Werte von 6 - 8°C (Station Hveravellir) erreicht hat, beginnt im Untersuchungsgebiet die Gletscherablation. Die Zufuhr glazialen Wassers ist in der Jökulsá Vestri an der zunehmend hellen Trübung durch vermehrten Schwebtransport erkennbar. Das glaziale Abflußregime unterscheidet sich vom nivalen Regime ganz allgemein durch geringere Abflußmengen und weniger starke Sprunghaftigkeit des Abflußgeschehens. Die frühglaziale Regimephase ist durch eine kontinuierliche Zunahme des Abflusses unter regelhafter Ausprägung der Tagesabflußschwankungen von 0,5 - 5 m^3/s gekennzeichnet. Im Verlauf des langsamen Anstiegs einer frühglazialen Abflußwelle im Jahr 1980 erhöhte sich die Schwebfracht der Jökulsá Vestri von 26 mg/l bei einem Abfluß von

26,3 m³/s zu Beginn des Abflußanstieges, bis kurz vor seinem Gipfelpunkt 219 mg/l bei einem Abfluß von 26,3 m³/s erreicht waren. Auf dem Scheitelpunkt einer frühglazialen Abflußwelle im Jahr 1975 wurde mit 997 mg/l bei einem Abfluß von 33,2 m³/s die höchste Schwebkonzentration dieser Phase gemessen.

Bei sommerlichen Höchsttemperaturen findet in der hochglazialen Regimephase die stärkste Speisung des Flusses mit Ablationswasser statt. Die hochglazialen Abflußwellen sind von mittlerer Höhe, bei relativ geringer Variabilität des Abflusses. Vor allem bei trockenem Strahlungswetter treten sehr regelhafte Tagesabflußschwankungen in Höhe von 5 - 15 m³/s auf. Eine typische glaziale Trockenwetterabflußwelle durchlief den Pegel vhm 145 im August 1974: Kurz nach ihrem Scheitelpunkt wurde in der Jökulsá Vestri eine Schwebmenge von 808 mg/l bei einem Abfluß von 29,6 m³/s gemessen. Der Rückgang von Abfluß- und Schwebfracht erfolgte dann sehr gleichmäßig, bis zum Ausklang der Welle die geringste Schwebmenge von 107 mg/l bei einem Abfluß von 17,1 m³/s registriert wurde.

Da Starkregen infolge der Konvektion im Sommer häufiger verzeichnet werden, erfaßten vier der turnusmäßigen Probenahmen in der hochglazialen Regimephase Abfluß- und Schwebkonzentration der Jökulsá Vestri während oder nach Regenfällen stärkerer Intensität. Die Messungen zum Zeitpunkt pluvial bestimmter Abflüsse ergaben bemerkenswerterweise die mit Abstand höchsten Schwebmengen von rund 1100 mg/l bis 2700 mg/l, bei Abflüssen von rund 40 - 60 m³/s.

Während der spätglazialen Regimephase gehen die Abfluß- und Schwebmengen der Jökulsá Vestri infolge sinkender Lufttemperaturen und einsetzendem Frost zurück. So sank die Schwebfracht im Verlauf einer typischen spätglazialen Abflußsituation im Spätsommer 1975 von 474 mg/l bei einem Abfluß von 25,2 m³/s auf 60 mg/l bei einem Abfluß von 18,6 m³/s.

Grundsätzlich kann für die Jökulsá Vestri eine positive Korrelation zwischen Abfluß und Schwebkonzentration konstatiert werden. Allerdings zeigen die sehr unterschiedlichen Korrelationskoeffizienten zwischen Abfluß und Schwebkonzentration während der verschiedenen Abflußregime (Abb.39), wie vielschichtig die Einflüsse der regimespezifischen Parameter auf die Transportraten sind. So liegt die Korrelation von nivalen Abflüssen und Schwebkonzentration bei 0,76, von glazialen Abflüssen und Schwebkonzentration bei 0,83 und während der winterlichen Regimephase besteht offensichtlich keine direkte Beziehung zwischen Abfluß und Materialtransport, wie der Korrelationskoeffizienten von nur 0,08 ausweist.

Die oben zusammengefassten Ergebnisse der Untersuchung auf Basis der von der Isländischen Energiebehörde ORKUSTOFNUN erhobenen Abfluß- und Schwebfrachtmessungen werden durch die Resultate eines eigenen, im Sommer 1986 im Untersuchungsgebiet durchgeführten Meßprogrammes gestützt und vertieft.

Auch aus den Daten des rund sechswöchigen Meßzeitraumes im Sommer 1986 ergibt sich sehr deutlich die saisonale Phasenhaftigkeit von Abfluß- und fluvialem Materialtransport: Die Messungen erfaßten bei der Jökulsá Vestri die spätnivale, die postnivale Phase und die frühglaziale Phase des Abflusses. In der Jökulsá Eystri hingegen liefen im gleichen Meßzeitraum die hochnivale Phase, die spät- und postnivale sowie der Beginn der frühglazialen Phase ab.

Für die Jökulsá Vestri wurde bei einem mittleren Abfluß von 31,5 m³/s (± 6 m³/s) (mittlere Fließgeschwindigkeit: 1,41 m/s (± 0,3 m/s) eine durchschnittliche Schwebmenge von 101 mg/l (109 mg/l) ermittelt. Die mittlere Schwebfracht in den entsprechenden Regimephasen des Zeitraums 1974 - 1986 betrug 107 mg/l (± 150 mg/l) bei einem Abfluß von 26 m³/s (± 3,6 m³/s). Die Messungen der Jökulsá Eystri ergaben bei einem mittleren Abfluß von 80,2 m³/s (± 40 m³/s) ei-

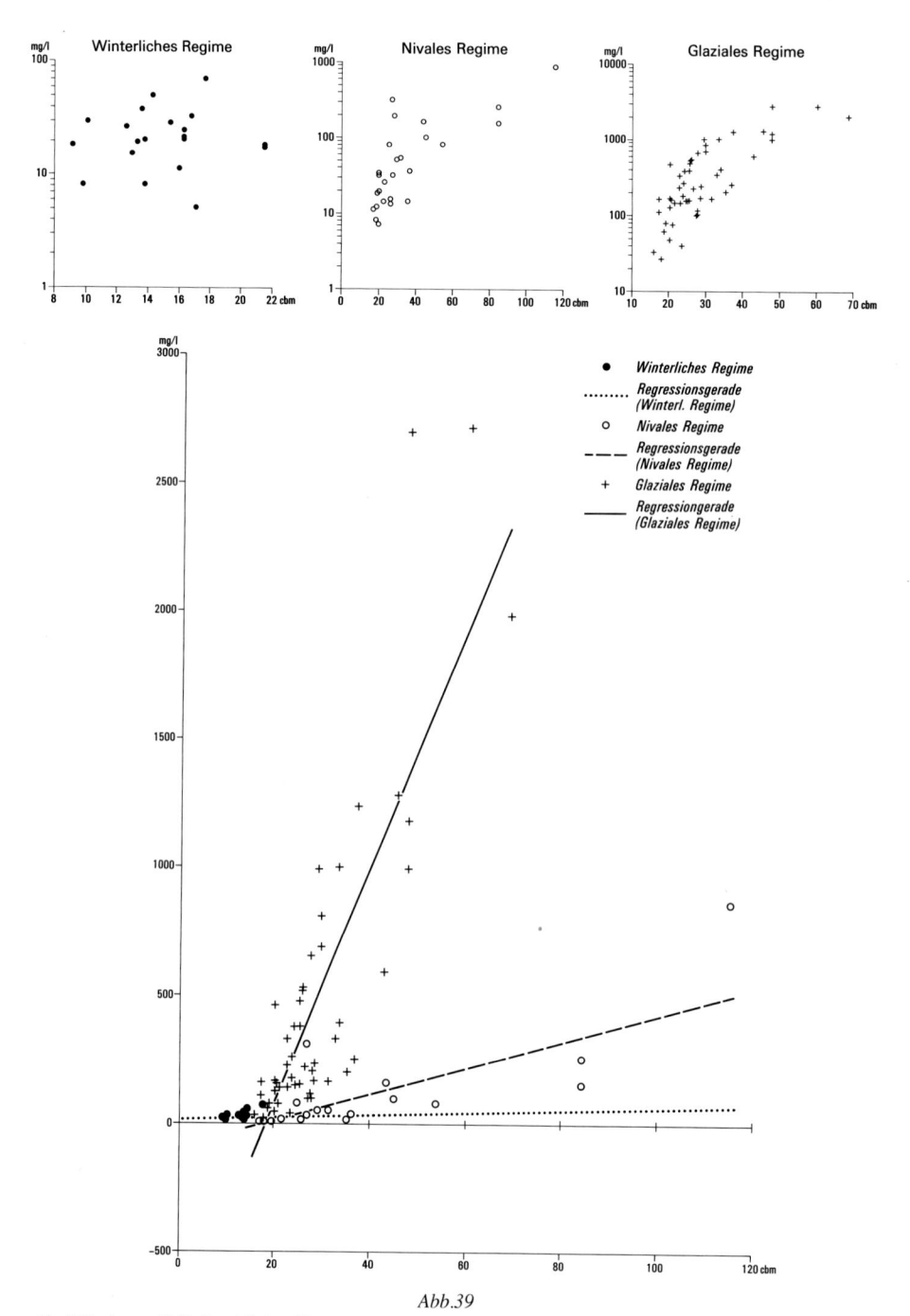

Abb.39
Verhältnis von Abfluß und Schwebkonzentration der Jökulsá Vestri: a) im gesamten hydrologischen Jahr, b) im winterlichen Abflußregime, c) im nivalen Abflußregime, d) im glazialen Abflußregime. Ergebnisse der Messungen im Zeitraum 1974 bis 1986.

ne durchschnittliche Schwebkonzentration von 103 mg/l (± 118 mg/l). Die mittlere Fließgeschwindigkeit betrug 1,12 m/s (± 0,3 m/s).

Die im Rahmen des Meßprogramms an der Station Orravatnsrústír durchgeführten meteorologischen Messungen ergaben eine Niederschlagssumme von 74,5 mm, von der allerdings nahezu 70% im Verlauf eines einzigen Ereignisses fielen. Die mittlere Lufttemperatur betrug 6,7°C (± 2,7°C), die mittlere relative Luftfeuchte lag bei 90,5% (± 8,3%). Während des Meßzeitraums betrug die mittlere Windgeschwindigkeit 5,0 m/s (± 2,7 m/s), wobei NW-Winde dominierten.

Ein Schwerpunkt der Feldarbeiten im Sommer 1986 lag auf der Erfassung der Niederschlagsmengen im zentralen Untersuchungsgebiet und der Bewertung ihres Einflusses auf Abfluß und fluvialen Materialtransport. Neben einem Niederschlagsereignis geringerer Intensität konnten die Auswirkungen 3-tägiger stärkerer Regenfälle beobachtet werden. Im Zusammenhang mit diesem Niederschlagsereignis wurden sowohl in der Jökulsá Eystri und Vestri, als auch in ihren Nebenflüssen merklich erhöhte Schwebmengen registriert. Hierbei lassen vor allem die Ergebnisse der Messungen an den Probenahmestellen im Hochlandbereich (H-III bis JV-XI) den Schluß zu, daß während des glazialen Abflußregimes von den Flüssen mit vergletscherten Einzugsgebietsanteilen grundsätzlich mehr Feststoffe transportiert werden, als von den rein periglazialen Flüssen. Auf die Regenfälle von insgesamt 30 mm Höhe am 22. bis 24. Juli 1986 reagierten allerdings die Flüsse im Hochland ohne direkten glazialen Zufluß mit einem deutlich stärkeren Anstieg der Schwebkonzentration als die Gletscherflüsse.

IV. SCHLUSSBETRACHTUNG: DIE WICHTIGSTEN UNTERSUCHUNGSERGEBNISSE

Die Untersuchung des Abflußganges, seiner Variabilität und des fluvialen Materialtransportes der Gletscherflüsse Jökulsá Eystri und Jökulsá Vestri ergibt zusammenfassend, daß das Abflußverhalten und somit indirekt auch der Schwebstofftransport dominant von thermischen Parametern beeinflußt werden. Entsprechende Befunde teilen BJÖRNSSON (1972), RICHTER (1981) UND RAISWELL & THOMAS (1984) für andere periglaziale Flußgebiete Islands mit Gletscheranschluß mit. Hierbei determiniert der Gang der Lufttemperatur bzw. der Globalstrahlung nicht nur die Grobphasierung des hydrologischen Jahres, sondern auch die regelhaften Tagesschwankungen des Abflusses, was im übrigen auch von ARNBORG (1955), RICHTER (1981), RICHTER & SCHUNKE (1981), SCHUNKE (1985 a) und BRAITHWAITE & OLESON (1988) für ganz unterschiedliche periglaziale Flußgebiete in Island und Grönland festgestellt wurde. Die Analyse des Abflußverhaltens und des fluvialen Sedimenttransportes sowie ihrer Parameter erbringt im Detail eine deutliche Gliederung des Abflußganges in verschiedene Phasen, wie sie auch von JOHNSON (1985) im südwestlichen Yukon-Gebiet Kanadas und von GOKHMAN (1985) auf Spitzbergen konstatiert wurde. Hiernach lassen sich für das hydrologische Jahr drei verschiedene Abflußregime ausgliedern: das winterliche, das nivale und das glaziale Abflußregime mit jeweils drei bzw. vier Regimephasen (vgl. Tab. 20, S. 102).

Infolge einer engen Korrelation zwischen Abflußmenge und fluvialer Schwebfrachtkonzentration spiegeln sich sowohl die phasenhaften saisonalen Abflußtrends als auch die täglichen Abflußfluktuationen im Mittel auch in Veränderungen der Schwebfrachtkonzentration wider: Die Veränderungen der Schwebfrachtkonzentrationen folgen einem saisonalen Gang, indem sie während der hochnivalen und während der hochglazialen Regimephase besonders hohe Werte annehmen. Ganz entsprechende Befunde teilen auch SUNDBORG (1956), FAHNESTOCK (1963), ARNBORG et al. (1967), OESTREM et al. (1967), McCANN et al. (1971), HASHOLT (1976), BOGEN (1980), SCHUNKE (1985 a) u.a. aus den verschiedensten periglazialen Flußgebieten mit. Im einzelnen treten hierbei vor allem bei den sehr großen Tagesschwankungen des Abflusses in der früh- und hochnivalen Regimephase sehr starke kurzzeitliche Variationen der Schwebfrachtkonzentration auf. In der Initialphase einer Flutwelle können bereits geringste Verstärkungen des Abflusses zu einer ganz erheblichen Erhöhung der Schwebfracht führen. In zahlreichen untersuchten Fällen machen sich diese Veränderungen der Schwebführung schon zu einem Zeitpunkt bemerkbar, zu dem wegen der Pegelträgheit noch keine meßbare Abflußveränderung registriert wurde.

Des weiteren ergeben die Untersuchungen, insbesondere unter Einbeziehung des Hysterese-Effektes, daß für die Schwebfrachtkonzentration im Einzelfall nicht so sehr die Abflußmenge von entscheidender Bedeutung ist, sondern vielmehr die erhöhte oder verringerte Fließgeschwindigkeit beim Anstieg oder Abflauen einer Flutwelle. Damit werden Ergebnisse der Modellversuche von OEVERLAND (1986) sowie der Untersuchungen von HASHOLT (1976) in Ost-Grönland und von BOGEN (1980) in Nordwest-Norwegen bestätigt, die zeigen, daß im Anstieg einer Hochwasserwelle höhere Schwebkonzentrationen auftreten, als bei vergleichbaren Abflußmengen während fallenden Wasserstandes. Die oben genannten Autoren führen dieses Phänomen auf den Umstand zurück, daß bei steigendem Wasserstand mit erhöhter Fließgeschwindigkeit zuvor im Flußbett sedimentiertes Material wieder in Suspension geführt wird. Ob diese Deutung auch für die eigenen Befunde zutrifft, ist insofern fraglich, als insbesondere im

Anstieg der nivalen Flutwellen (und auch im Anstieg von pluvialen Flutwellen) nicht nur eine drastische Erhöhung der Schwebkonzentration, sondern auch eine charakteristische Veränderung der Korngrößenkomposition zugunsten des Grobfrachtanteiles erfolgt. Im Anstieg der glazialen Flutwellen dagegen geht die Erhöhung der Schwebkonzentration nicht mit einer ähnlich signifikanten Vermehrung des Grobmaterialanteils einher. Daher darf vermutet werden, daß während des nivalen (und pluvialen) Oberflächenabflusses bevorzugt Verwitterungsmaterial in die Schwebfracht gelangt.

Auch die angesprochene Korngrößenkomposition des suspendierten Materials ist eng mit der Fließgeschwindigkeit und dem Turbulenzgrad verknüpft, wie auch aus Untersuchungen von SUNDBORG (1956), BAGNOLD (1966), ARNBORG et al. (1967), TóMASSON (1976), NOVAK (1981) u.a. hervorgeht. Steigende Fließgeschwindigkeiten bringen eine Erhöhung des Grobmaterialanteils mit sich, während es bei sinkenden Fließgeschwindigkeiten durch Ausfallen der gröberen Partikel zu einer relativen Anreicherung der Feinfracht kommt. Aus diesem Grund ist z.B. in der früh- und hochnivalen Regimephase der Anteil an Grobmaterial besonders hoch, während in der spät- und postnivalen Phase der Feinmaterialanteil zunimmt. Ein ähnlicher Effekt läßt sich auch für die glazialen Regimephasen konstatieren, in denen im übrigen der Grobmaterialanteil an der Schwebfracht gegenüber den nivalen Regimephasen deutlich zurückgeht. Im Mittel sämtlicher Schwebfrachtanalysen überwiegt in der Schwebfracht der Jökulsá Vestri der Grobmaterialanteil mit 65% gegenüber der Feinfracht mit 35%.

Angesichts der großen kurzzeitlichen Variationen von Abflußmenge und Schwebkonzentration wird von einigen Autoren, so beispielsweise McCANN et al. (1971) und BECHT (1986), vor dem Versuch gewarnt, den Sedimentaustrag aus einem Einzugsgebiet als Eintiefungsbetrag pro Zeiteinheit darzustellen. Bei Untersuchungen, die einen nur sehr kurzen Zeitraum erfassen, mag bei der Extrapolation der Meßwerte auf größere Zeiträume eine entsprechende Vorsicht durchaus angebracht sein, da hier das Gesamtbild des Feststoffaustrages durch extreme Zufallsereignisse stark beeinflußt sein kann. Im Falle der vorliegenden Untersuchungsergebnisse zum Abfluß und Schwebtransport der Jökulsá Vestri, die aufgrund ihrer relativ breiten und langfristigen Datenbasis und aufgrund des Erhebungsmodus' weitgehend frei von Zufallsereignissen sind, scheint es mit einiger Vorsicht möglich, Aussagen über die fluvialen Abtragungsraten zu machen: So ergibt sich bei der festgestellten mittleren Abflußspende von 28 l/s/km^2 (± 10 l/s/km^2) und einer durchschnittlichen Schwebkonzentration von 276 mg/l (± 488 mg/l) der Jökulsá Vestri ein durchschnittlicher Feststoffaustrag von insgesamt 511 t/Tag bzw. 186674 t/Jahr aus dem 766 km^2 großen Flußgebiet. Bei einer mittleren Dichte des im Untersuchungsgebiet vorherrschenden Lockermaterials von 1,5 beträgt demnach die mittlere flächenbezogene Abtragungsrate der Jökulsá Vestri 366 mm in 1000 Jahren bzw. 0,36 mm/Jahr. Unter Zugrundelegung der festgestellten extrem hohen Schwebkonzentrationen ergäben sich sogar Abtragungsraten von 1372 mm in 1000 Jahren bzw. 1,37 mm/Jahr. Damit ist die Abtragungsleistung der Jökulsá Vestri mit den für andere Flußgebiete des arktischen Periglazialraumes ermittelten Werten vergleichbar: So errechneten CHURCH (1972) eine Abtragungsleistung von 0,23 bis 0,44 mm/Jahr und BARSCH (1981) eine solche von 0,17 bis 0,5 mm/Jahr für Flußgebiete in den Nord-West-Territorien Kanadas sowie SCHUNKE (1981, 1985 a) eine Abtragung von 0,11 bis 0,36 mm/Jahr für zwei Flußgebiete in Zentral-Island.

Eine der zentralen Fragestellungen, der sich diese Untersuchung widmet, betrifft die Bedeutung der pluvialen Ereignisse für den Abfluß und Sedimenttransport in periglazialen Flußgebieten. Bei der Analyse von Niederschlagsereignissen wurde in erster Linie auf die Messungen der Station Hveravellir zurückgegriffen, die dicht außerhalb der untersuchten Flußgebiete liegt. Da die anhand der Daten von Hveravellir unter Berücksichtigung der orographischen Verhältnisse vorgenommene Hochrechnung auf den Niederschlag im Einzugsgebiet der Jökulsá Vestri eine Differenz zu den Meßwerten aus Hveravellir von -35% ergab, ist eine Quantifizierung der abflußwirksamen Niederschläge im Einzelfall sehr schwierig: Die Auswirkung von Niederschlagsereignissen auf den Abfluß läßt sich zwar grundsätzlich feststellen, jedoch nicht exakt quantitativ angeben.

Darüberhinaus wird die Analyse des Einflusses von pluvialen Ereignissen auf den Abfluß und vor allem auf den Schwebfrachttransport durch die sehr geringe Frequenz von abflußwirksamen Niederschlägen mittlerer bis starker Intensität erschwert: Im isländischen Hochland dominieren Niederschläge in Form von Landregen mit geringer Intensität. So wurden in Hveravellir während des gesamten 15-jährigen Untersuchungszeitraumes (1972 bis 1986) nur an 261 Tagen Niederschläge mit einer Ergiebigkeit von mehr als 10 mm registriert, d.h. mit einer Häufigkeit, die nur rund 5% des untersuchten Zeitraumes ausmacht. An 50 Tagen betrug die Niederschlagsmenge zwischen 15 mm und 20 mm. Stärkere Niederschläge mit einer Ergiebigkeit von mehr als 20 mm wurden an 71 Tagen des Untersuchungszeitraumes gemessen. Dabei betrug die Niederschlagsmenge an nur 15 Tagen mehr als 30 mm. Von dieser ohnehin geringen Anzahl der Niederschläge mit stärkerer Intensität entfielen zudem nahezu 50% auf Schneefälle in den Wintermonaten und haben daher keine unmittelbare Auswirkung auf die Abflußmenge. Somit ist es neben der fehlenden Möglichkeit, die Abflußwirksamkeit der Niederschläge exakt zu quantifizieren, auch die geringe Häufigkeit hinreichend starker Niederschläge, die eine Ausgrenzung der rein pluvialen Abflüsse und ihres Einflusses auf den Schwebfrachttransport auf quantitativer Basis erschwert bzw. unmöglich macht.

Von den rund 100 turnusmäßigen Proben zur Schwebstoffmessung in der Jökulsá Vestri im Zeitraum 1974 bis 1986 wurden nur sechs Proben bei Abflüssen gezogen, die nachhaltig durch Niederschlag beeinflußt waren. Diese Messungen ergaben Schwebmengen, die zum Teil extrem hoch über den in der entsprechenden Regimephase üblichen Schwebkonzentrationen lagen. Auch jenes Niederschlagsereignis, das im Zuge des Meßprogrammes im Sommer 1986 detailliert erfaßt wurde, führte in der Jökulsá Vestri und der Jökulsá Eystri sowie in ihren Zuflüssen zu einer deutlichen Erhöhung der Schwebkonzentration. Bemerkenswerterweise sind diese, nach den pluvialen Ereignissen deutlich erhöhten Schwebfrachtkonzentrationen in Analogie zur Schwebkonzentration während der hochnivalen Regimephase durch einen hohen Grobmaterialanteil gekennzeichnet. Insgesamt gesehen muß jedoch die Auswirkung derartiger pluvialer Einzelereignisse auf die langfristige Abtragungsleistung wegen der geringen Frequenz von Niederschlägen mit abflußwirksamen Intensitäten in den beiden hier untersuchten periglazialen Flußgebieten als relativ gering eingeschätzt werden.

V. ZUSAMMENFASSUNG

Die vorliegende Arbeit widmet sich am Beispiel der beiden benachbarten Flußgebiete der Jökulsá Vestri (766 km^2) und der Jökulsá Eystri (1142 km^2) im zentral-isländischen Hochland dem Abflußverhalten und seinen Steuerungsdeterminanten sowie dem Schwebfrachttransport in periglazialen Einzugsgebieten mit Gletscheranschluß. Basis der Untersuchungen sind kontinuierliche Abflußmessungen (1971-1986) und turnusmäßige stichprobenartige Schwebfrachtmessungen (1974-1986). Nach der Vorstellung des Untersuchungsgebietes und seiner hydrologisch relevanten Ausstattung sowie des Datenmaterials werden zunächst Abflußverhalten und Wasserhaushalt beider Flußgebiete analysiert.

Der Abfluß weist einen prägnanten Jahresgang und, in diesen eingebettet, einen deutlichen Tagesgang auf. Hierbei lassen sich ein winterliches, ein nivales und ein glaziales Abflußregime unterscheiden, wobei diese Regime in eine früh-, hoch- und spätwinterliche, in eine früh-, hoch,- spät- und postnivale sowie in eine früh-, hoch- und spätglaziale Regimephase untergliedert sind. Die verschiedenen Regimephasen werden dominant durch thermische Parameter determiniert. Pluviale Abflüsse nach Niederschlagsereignissen machen sich hingegen nur selten im Abflußgang bemerkbar, vor allem während des glazialen Abflußregimes im Hoch- und Spätsommer.

Der mittlere jährliche Abfluß der Jökulsá Vestri ist durch Abflußwerte von 21 m^3/s (28 l/s/km^2, 899 mm), derjenige der Jökulsá Eystri durch Abflußwerte von 38 m^3/s (36 l/s/km^2, 1065 mm) gekennzeichnet. Im einzelnen unterliegt der saisonal differenzierte Abflußgang der zeitlichen Variabilität. Diese ist durch den maximalen Jahresabfluß (1984) bei der Jökulsá Vestri von 28 m^3/s (37 l/s/km^2, 1422 mm, Gesamtabflußmenge: 888 Gl) und bei der Jökulsá Eystri von 46 m^3/s (40 l/s/km^2, 1165 mm, Gesamtabflußmenge: 1459 Gl) sowie durch den minimalen Jahresabfluß (1985) bei der Jökulsá Vestri von 18 m^3/s (23 l/s/km^2, 1052 mm, Gesamtabflußmenge: 557 Gl), bei der Jökulsá Eystri von 34 m^3/s (30 l/s/km^2, 1052 mm, Gesamtabflußmenge: 1061 Gl) charakterisiert. In beiden Flußgebieten treten die Abflußspitzen im Jahresgang während der hochnivalen und der hochglazialen Regimephase auf.

Der Schwebfrachttransport wird vor allem für das Flußgebiet der Jökulsá Vestri näher analysiert. Dieses geschieht auf der Basis von 100 turnusmäßigen Messungen der Schwebkonzentration im Zeitraum 1974-1986 sowie anhand von 100 weiteren Messungen der Schwebkonzentration im Sommer 1986, die gezielt ereignisorientiert vorgenommen wurden. Weitere 100 Schwebfrachtbestimmungen im Sommer 1986 betreffen die Jökulsá Eystri und ihre Zuflüsse. Für die vorrangig untersuchte Jökulsá Vestri wurde eine mittlere Schwebfrachtkonzentration von 276 mg/l ermittelt. Die Schwebfracht zeigt zum einen in Abhängigkeit vom Abflußgang eine deutliche saisonale Varianz und zum anderen eine kurzzeitliche tägliche Variabilität. Die Maxima der Schwebkonzentration fallen in das hochnivale und in das hochglaziale Abflußregime. Hinsichtlich der Zusammensetzung des Schwebs dominieren im hochnivalen Abflußregime die Grobfraktionen (Sand, Grobschluff), während im hochglazialen Abflußregime die Feinanteile (Feinschluff, Ton) ansteigen. Aus der Detailanalyse der Schwebfracht ergibt sich signifikant der Hysterese-Effekt: Im Anstieg einer Hochwasserwelle treten höhere Schwebkonzentrationen, zumeist unter Dominanz der Grobfraktionen auf als bei vergleichbaren Abflußmengen während fallenden Wasserstandes. Mit Blick auf die Auswirkungen der seltenen pluvialen Abflußereignisse auf den Schwebfrachttransport zeigt sich allgemein, daß sich nach Starkregen besonders hohe Schwebkonzentrationen, zumeist mit Dominanz der Grobfraktionen einstellen. Eine exakte

Quantifizierung des pluvialen Transportanteiles an der Schwebfracht läßt sich jedoch vor allem wegen der vorherrschenden thermischen Beeinflussung des Abflußganges nicht vornehmen. Insgesamt muß die Abtragungsleistung von pluvialen Ereignissen aufgrund der geringen Frequenz von Niederschlägen mit abflußwirksamen Intensitäten als vergleichsweise gering eingeschätzt werden.

Auf der Basis des relativ langfristigen Datenmaterials, das eine Beeinflussung durch Zufallsereignisse weitgehend ausschließt, läßt sich anhand der ermittelten Schwebfrachtkonzentrationen mit einiger Vorsicht die mittlere flächenbezogene fluviale Abtragungsleistung auf 366 mm/1000 a bzw. auf 0,36 mm/a berechnen, ein Betrag, wie er auch für die fluviale Abtragungsleistung in anderen arktisch-periglazialen Flußgebieten ermittelt wurde.

VI. SUMMARY

Studies to run-off and fluvial sediment transport of Jökuls Vestri and Jökuls Eystri, Central-Iceland. (A contribution to the hydrology of periglacial regions.)

This paper presents the study of the water-budgets, discharges and the suspended sediment loads as well as their determinants of two catchments in the periglacial environment of northern Iceland. The two neighbouring rivers Jökulsá Vestri and Jökulsá Eystri drain an area of 766 km^2 respectively 1142 km^2 north of the Hofsjökull glacier on the Central Highland plateau. Almost 8% resp. 14% of the drainage areas lie underneath the icecap of Hofsjökull. In the research area dominate tertiary basalts which are covered with thick layer of pleistocene morene detritus. The annual mean temperature for the research period (1971-1986) at the meteorological station Hveravellir is -0,9°C; the average annual total of all degree days above 0°C amounts to 784°C. The amount of precipitation in the drainage area of Jökulsá Vestri reaches 998 mm; in the drainage area of Jökulsá Eystri it reaches 1066 mm. The nivometric coefficient lies at 68%. Almost the whole area is totally bare of vegetation and the highland parts are nonpopulated.

The investigations on fluvial behavior base on continuous run-off registrations during the budget years 1971-1986. To study the processes of fluvial material transport about 100 samples of suspended sediment load in different intervals during the years 1974-1986 are analysed. These data are supplemented by about 100 sediment samples the author took during the field research in summer 1986.

The average annual discharge in the Jökulsá Vestri, according to the gauge registration at Goddalur is about 21 m^3/s; that gives 28 l/s/km^2 resp. 899 mm. The average annual discharge in the Jökulsá Eystri, according to the gauge at Skatastadir amounts to 38 m^3/s; that gives 36 l/s/km^2 resp. 1065 mm.

The discharges in both rivers show a very pregnant annual variation and a very regular daily variation. Both curves show a very marked relation to the annual and daily variation of temperature. It can be differentiated by means of the annual curve of water stage between a winter, a nival and a glacial run-off regime. The regimes can be subdivided in phases of early, high and late winter regime, in phases of early, high, late and post nival regime and in phases of early, high and late glacial regime. The different phases of the regime are dominantly determined by thermal parameters. Pluvial discharges after precipitations events are little noticeable in the waterflow, especially during the glacial regime in high- and late summer.

The analysis of suspended sediment samples amounts for the Jökulsá Vestri a average sediment concentration of 276 mg/l. The transport rate shows in relation to the run-off a seasonal and diurnal variability. The maxima of suspension concentration occur during high nival and high glacial run-off regimes. Concerning the grain composition coarse particles are dominant during high nival regimes, while fine fractions increase during high glacial run-off. The detailed analysis of transport processes shows that the sediment rating curves involve hysteresis effects: the sediment-transport is not only dependent on momentary run-off, but also on past conditions. Pluvial run-off is generally accompanied with very high sediment concentrations in which coarse fractions dominate. An exactly quantification of pluvial transport of suspended load was not possible because of the predominance of thermal run-off determination. The total erosion rate of pluvial discharges might be very low because of the low frequence of heavy rainfall intensities.

The discharge of suspended solids from the Jökulsá Vestri catchment with a mean run-off of 28 l/s/km^2 and a mean sediment concentration of 276 mg/l results in a calculated mean of 511 tons/day resp. 186674 tons/year of solids. That gives a calculated total area denudation rate of 0,36 mm/year, which dimension is comparable with values for the erosional capacity established for fluvial sediment in other periglacial areas.

VII. LITERATURVERZEICHNIS

ALLERUP, P. &. H.MADSEN (1986): On the correction of liquid precipitation. - Nordic Hydrological Conf. 1986, S. 111-126, Reykjavik.

ARNARSSON, B. (1976): Ground water systems in Iceland. - Vísindafélag Íslendinga, 42, Akureyri.

ARNARSSON, B. (1980): Ice and snow hydrology. - In: GAT, J.R.(Hg.): Hydrogen and oxygen stable isotops in hydrology, Wien.

ARNBORG, L. (1955): Hydrology of the glacial river Austurfljót. -Geogr.Annaler, 37, S. 187-201, Stockholm.

ARNBORG, L., WALKER, H.J. & J.PEIPPO (1966): Water discharge in the Colville River, Alaska, 1962. - Geogr.Annaler, 48A, S.150-165, Stockholm.

ARNBORG, L., WALKER, H.J. & J.PEIPPO (1967): Suspended load in the Colville River, Alaska, 1962. - Geogr.Annaler, 49A, S. 131-144, Stockholm.

ASHWELL, J.Y. (1986): Meteorology and duststorms in Central Iceland. - Arctic and Alpine Research, 18, S.223-234, Boulder, Colo.

BAGNOLD, R.A. (1966): An approach to the sediment transport problem from the general physics. - Geol. Surv. Prof.Paper, 422-1, Washington.

BARSCH, D. (1981): Terrassen, Flußarbeit und das Modell der exzessiven Talbildungszone im Expeditionsgebiet Oobloyah-Bay, N-Ellesmere Island, NWT, Kanada. - Heidelberger Geogr. Arbeiten, 69, S.163-201, Heidelberg.

BECHT, M. (1986): Die Schwebstofführung der Gewässer im Lainbachtal bei Benediktbeuren/Obb. - Münchener Geogr. Abh., Reihe B, (2), München.

BERGTHORSSON, P. (1977): Sólskin á Íslandi. - Ber. d. Forschungsstelle Nedri Ás, 27, Hveragerdi (Isl.).

BIBUS, E., G. NAGEL & A. SEMMEL (1976): Periglaziale Reliefformung im zentralen Spitzbergen. - Catena, 3, S.29-44, Gießen.

BIRD, J.B. (1967): The physiography of arctic Canada. - Montreal.

BJÖRNSSON, H. (1972): Baegisárjökull, North-Iceland, II. The energie balance. - Jökull, 22, S. 44-58, Reykjavík.

BJÖRNSSON, H. (1979): Glaciers in Iceland. - Jökull, 29, S.74-80, Reykjavík.

BJÖRNSSON, H. (1986): Surface and bedrock topography of Icecaps in Iceland - mapped by radio echosounding. - Annals of Glaciology, 8, S. 11-19, Cambridge.

BOGEN, J. (1980): The hysteresis effect of sediment transport systems. - Norsk Geogr. Tidsskr., 34, S. 45-54, Oslo.

BRAITHWAITE, R.J. & O.B.OLESEN (1988): Effect of glaciers on annual run-off, John Dahl Land, South Greenland. - Journ. of Glaciology, 34, S.200-207, Cambridge.

BÜDEL, J. (1969): Der Eisrinden-Effekt als Motor der Tiefenerosion in der exzessiven Talbildungszone. - Würzburger Geogr. Arb., 25, Würzburg.

CACHO, E.F. & S.BREDTHAUER (1983): Runoff from a small subarctic watersheed, Alaska. - Proc. 4th. Intern. Conf. on Permafrost, Fairbanks 1983, S. 115-120, Washington D.C.

CHURCH, M. (1972): Baffin Islands sandurs: A study of arctic fluvial processes.- Bull. Geol. Surv. Canada 216, 208 S., Ottawa.

CHURCH, M. (1974): Hydrology and permafrost with reference to northern North America. - Permafrost Hydrology, Proc.Workshop Sem., Can.Nat.Comm.,IHD, S.7-20, Ottawa.

COLLINS, D. (1979): Sediment concentration in melt-waters as an indicator of erosion processes beneath an alpine glacier. - Journ. of Glaciology, 23, S. 247 - 257, Cambridge.
COOK, F.A. (1967): Fluvial process in the High Arctic. - Geogr.Bull., 9, S.262-268, Ottawa.
CZEPPE, Z. (1965): Activity of running water in south-western Spitsbergen. - Geogr.Polonica, 6, S.141-150, Warschau.
DINGMAN, S.L. (1971): Hydrology of the Glenn Creek watershed, Tanana River Basin, Central Alaska. - Cold Regions Research and Engeneering Laboratory Res.Rep., 297, Hanover N.H.
DOWDESWELL, J. (1982): Supraglacial re-sedimentation from meltwater streams to snow overlying glacier ice, Sygjujökull, West Vatnajökull, Iceland. - Journ. of Glaciology, 28, S. 365-375, Cambridge.
DRACOS, T. (1980): Hydrologie. Eine Einführung für Ingenieure. - New York, Wien.
DRAGE, B., GILMAN, J., HOCH, D. & L. GRIFFITHS (1983): Hydrology of North Slope coastal plain streams. - Proc. 4th Intern. Conf. on Permafrost, Fairbanks 1983, S. 249-254, Washington D.C.
EINARSSON, M. (1972): Evaporation and potential evapotranspiration in Iceland. - Publ. Icelandic Meteor. Office, Reykjavík.
ELIASSON, J. & S. ARNOLDS (1976): A precipitation - runoff model. - Nordic Hydrological Conference 1976, S. 15-26, Reykjavík.
EMBLETON, C. & C.A.M. KING (1968): Glacial and periglacial geomorphology. - London.
EYTHORSSON, J. & H. SIGTRYGGSSON (1971): The climate and weather of Iceland. - In: The Zoology of Iceland, 1 (3), Reykjavík.
EYTHORSSON, J. (1949): Variations of glaciers in Iceland 1930 - 1947. - Journ. of Glaciology, S. 250-252, Cambridge.
FAHNESTOCK, R. (1963): Morphology and hydrology of a glacial stream - White River, Mount Rainier, Washington. - Geological Surv. Prof. Paper 422-A, Washington D.C.
FERGUSON, R.J. (1985): Runoff from glacierized mountains: a model for annual variation and its forcasting. - Water Resources Research, 21, S.702-708, Ottawa.
FLÜGEL, W.A. (1983): Summer water balance of a high Arctic catchment with underlying permafrost in Oobloyah Valley, N.Ellesmere Island, N.W.T., Canada. - Proc. 4th. Intern. Conf. on Permafrost, Fairbanks 1983, S. 295-300, Washington D.C.
FORD, J. & BEDFORD, B. (1987): The hydrology of Alaskan wetlands, U.S.A.: a review. - Arctic and Alpine Research, 19, S.209-229, Boulder, Colo.
FORD, F.R. (1973): Precipitation runoff characteristics in the continuous permafrost zone of Central Alaska. - Permafrost: The North American contribution to the Second Intern. Conf., Nat. Acad. of Science, S.447-453, Washington D.C.
FOUNTAIN, A.G. & W.V. TANGBORN (1985): The effect of glaciers on streamflow variations. - Water Resources Research, 21, S. 579-586, Ottawa.
FRENCH, H.M. (1976): The periglacial environment. - London, New York.
GOKHMAN, V.V. (1987): Two types of intraglacial meltwater regime for the Bertil Glacier, Svalbart. - Polar Geogr. and Geol., 11 (4), S.241-248, Washington D.C..
GRISELIN, M. (1985): L'abondance anuelle et le bilan hydrologique d'un bassin partiellement englacé de la côte nord-ouest du Spitsberg. - Norois, 32, S. 19-33, Poitiers.
GTO - Grönlands Tekniske Organisation, (1986): Generelle hydrologiske bassin informationer: regionale bassiner 1986. - Kopenhagen.
GUDBERGSSON, G. (1975): Myndum móajardvegs í Skagafjördur (engl. Zus.: Soil formation in Skagafjördur, N.-Iceland). - Rannsóknastofnun landbúnadarins, 7, S.20-45, Keldnaholt (Isl.).

HAGEDORN, J. & H. POSER (1974): Geomorphologische Prozesse und Prozesskombinationen in der Gegenwart unter verschiedenen Klimabedingungen. - Abh. Akad. Wiss. Göttingen, Math.-physik. Klasse, 3.F., 29, S.426-439, Göttingen.

HANNELL, F.G. & R.H. STEWARD (1952): Meteorological observations in central Iceland. - Meteorol. Magazine, 81, S.257-263, London.

HANNELL, F.G. & J.Y. ASHWELL (1959): The recession of an Icelandic glacier. - Geogr.Journ., 120, London.

HASHOLT, B. (1976): Hydrology and transport of material in the Sermilik-Area, E-Greenland. 1972. - Geogr. Tidsskr., 75, S.30-39, Kopenhagen.

HAUGEN, R.K., SLAUGHTER, C., HOWE, K. & DINGMAN, S.L. (1982): Hydrology and climatology of the Caribou-Poker Creeks Research watershed, Alaska. - Cold Regions Research and Engeneering Laboratory Res. Rep., S.82-86, Hanover, N.H.

HELLAND, A. (1882): Om Jökelverne og deres Slamgeholt. - Archiv for Mathematik og Naturvidenskab VII, Kristiania Univ., S.213-232, Oslo.

JOHANNESSON, B. (1960): The soils of Iceland. - Univ. Research Inst., Dept.of Agriculture, Reports Ser.B., 13, Reykjavík.

JOHANNESSON, T. (1986): The response time of glaciers in Iceland to changes in climate. - Annals of Glaciology, 8, S. 100-102, Cambridge.

JOHNSON, P.G. (1985): Implications of holocene palaeoclimatic changes for the glacier hydrology of the southwest Yukon. - Z.f. Gletscherk. u. Glazialgeol., 21, S. 165-174, Innsbruck.

KAISER, R. (1972): Elementare Tests zur Beurteilung von Meßdaten. Soforthilfe für statistische Tests mit wenigen Meßdaten. - Mannheim.

KALDAL, I. (1978): The deglaciation of the area north and northeast of Hofsjökull, Central-Iceland. - Jökull, 28, S.18-30, Reykjavík.

KJARTANSSON, G. (1967): Geologiske betingelser for islanske floodtyper. - Geogr. Tidsskr., 64, S.174, Kopenhagen.

KÖPPEN, W. (1936): Das geographische System der Klimate. - In: KÖPPEN, W. & R. GEIGER (Hg.), Handbuch der Klimatologie 1, Teil C, Berlin.

LEWKOWICZ, A.G. (1983): Erosion by overland flow, Central Banks Island, western Canadian Arctic. - Proc. 4th Conf. on Permafrost, Fairbanks 1983, S. 701-706, Washington D.C.

LIEBRICHT, H. (1983): Das Frostklima Islands seit dem Beginn der Instrumentenbeobachtung. - Bamberger Geogr.Schr., 5, Bamberg.

LIEBRICHT, H. (1985): Zum thermischen Bodenklima im Tiefland Islands. - Ber. der Forschungsstelle Nedri As, 45, Hveragerdi (Isl.).

LINDÉ, K. (1983): Some surface textures of experimental and nature sands of Icelandic origin. - Geogr. Annaler, 65 A, S. 193-200, Stockholm.

McCANN, S.B., HOWARTH, P.J. & J.G.COGLEY (1971): Fluvial processes in a periglacial environment. - Transaction of Brit. Geogr., 55, S. 69-81, Oxford.

MENDEL, H.G. & K.UBELL (1973): Der Abflußvorgang, II - Die Verteilung des Gesamtabflusses. - Dt. Gewässerkdl. Mitt., 17, Koblenz.

MILES, M. (1976): An investigation of riverbank and coastal erosion, Banks Island, District of Franklin. - Geol. Survey Canada Paper 76-1A, S.195-200, Ottawa.

NAGEL, G. (1979): Untersuchungen zum Wasserkreislauf in Periglazialgebieten. - In: MÜLLER-WILLE, L. & H. SCHROEDER-LANZ (Hg.): Kanada und das Nordpolargebiet. Trierer Geogr. Stud., Sonderheft 2, S.157-178, Trier.

NOWAK, I.D. (1981): Predicting coarse sediment transport: the Hjulström curve revisited. - -In: MORISAWA, H. (Hg.): Fluvial Geomorphology, New York.

OESTREM, G. et al. (1967): Glacio-Hydrology, discharge and sedimenttransport in the Decade Glacier Area, Baffin Island, N.W.T. - Geogr. Annaler 49A,S. 269-282, Stockholm.

OEVERLAND, H. (1986): Simulationsmodell zur Berechnung des Schwebstofftransports in großen Flußgebieten. - DVWK - 2.Tagung: Hydrologie und Wasserwirtschaft, S. 1-21, Sonnenberg.

OHMURA, A. (1972): Some climatological notes on the Expedition Area. - Axel Heiberg Islands Research Reports, Miscellaneous Papers, S.5-13, Montreal.

OLESEN, O.B. (1978): Glaciological investigations in John Dahl Land, South Greenland, as a basis for hydroelectric power planning. - Groenlands Geol. Undersoegelske, Rap. 90, S.84-86, Kopenhagen.

ONESTI, L.J. & S.A. WALTI (1983): Hydrologic characteristics of small arctic-alpin watersheds, Central Brooks Range, Alaska. - Proc. 4th Intern. Conf. on Permafrost, Fairbanks 1983, S. 957-961, Washington D.C.

Orkustofnun (Isl. Energiebehörde) (1984): s. Kartenverzeichnis

OTHA, T. (1987): Suspended sediment yield in a glaciated watershed of Langtang Valley, Nepal Himalayas. - Bull. of Glacier Research, 5, S. 19-24, Tokio.

OUTHET, D.N. (1974): Progress report on bank erosion studies in the Mackenzie River Delta, N.W.T. Canada. - In: Hydrologic Aspects of Northern Pipeline Development, Can.Water Resources Branch, Dep. of the Environment, S.297-347, Ottawa.

PÁLSDóTTIR, D. (1985): Vedurárthuganir i Sandbúdum og Nýjabæ. - Vedurstofa Islands, Reykjavík.

PÁLSSON, S. & G.H. VIGFUSSON (1985): Nidurstödur Svifaursmaelinga 1963-1984. - Orkustofnun, Vatnsorkudeild, Reykjavík.

PARDÉ, M. (1960): Les facteurs des régimes fluviaux. - Norois, 7, Poitiers.

PAULSSON, S. (1792): Fertabok.- In: EYTHORSSON, J. (1945): Snælandsutgafan, S.445-453, Reykjavík.

PÉWÉ, T.L. (Hg.)(1969): The periglacial environment. - Montreal.

PISSART, A. (1967): Les modalités de l'écoulement de l'eau sur L'île Prince Patrick (76lat.N., 120long.O., Arctic Canadien). - Biul. Perigl., 16, S.217-224, Lodz.

RAISWELL, T. & A.G. THOMAS (1984): Solute acquisition in glacial meltwaters. I. Fjallsjökull (SE-Iceland). - Journ. of Glaciology, 30, S.35-43, Cambridge.

RAU, R.G. (1986): Räumlich-zeitliche Variationen der hydrologischen Eigenschaften hochalpiner Schneedeckenspeicher. - Landschaftsgenese und Landschaftsökologie, 11, Braunschweig

RICHTER, K. (1981): Zum Wasserhaushalt der Jökulsá á Fjöllum. - Göttinger Geogr.Abh., 78, Göttingen.

RICHTER, K. (1982): Zum langfristigen Abflußverhalten und seinen Steuerungsmechanismen im periglazialen Zentral-Island. - Erdkunde, 36, S. 11-19, Bonn.

RICHTER, K. & E. SCHUNKE (1981): Runoff and water budget of the Blanda and Vatnsdalsá periglacial river basins, Central-Iceland. - Ber. d. Forschungsstelle Nedri Ás, 34, Hveragerdi (Island).

RIST, S. (1956): Íslenzk Vötn. - Reykjavík.

RIST, S. (1981): Jöklarbreytingar (Glacier Variations). - Jökull, 31, S. 66-71, Reykjavík.

RIST, S. (1983): Floods and flood danger in Iceland. - Jökull, 33, S. 119-132, Reykjavík.

RIST, S. (1984): Jöklarbreytingar (Glacier Variations). - Jökull, 34, S. 74-79, Reykjavík.

ROBITAILLE, B. (1960): Géomorphologie du Sud-Est de l'île Cornwallis, N.W.T, Canada. - Cah. Géogr. Québec, 8, S.359-365, Quebec.

RÖTHLISBERGER, H. & H. LANG (1987): Glacier hydrology. - In: GURNELL, A.M. & M.J. CLARK (Hg.): Glacio-fluvial sediment transfer, an alpine perspective, S. 207-284, Chichester.

RUDBERG, S. (1963): Morphological processes and slope development in Axel Heiberg Island, N.W.T. Canada - Nachr. Akad. Wiss. Göttingen., Math.-Phys. Kl.,3.F, 14, S.211-223, Göttingen.

SCHUNKE, E. (1975): Die Periglazialerscheinungen Islands in Abhängigkeit von Klima und Substrat. - Abh. Akad. Wiss. Göttingen, Math.-Phys. Kl., 3.F, 30, Göttingen.

SCHUNKE, E. (1981): Abfluß und Sedimenttransport im periglazialen Milieu Zentral-Islands als Faktoren der Talformung. - Die Erde, 112, S.197-215, Berlin.

SCHUNKE, E. (1985): Sedimenttransport und fluviale Abtragung der Jökulsá á Fjöllum im periglazialen Zentral-Island. - Erdkunde, 39, S.197-205, Bonn.(1985a)

SCHUNKE, E. (1985): Vergleichende Talstudien im arktischen Periglazialraum Europas und Amerikas. - Nachr. Akad. Wiss. Gött., Math.-Phys.Kl., Jg. 1985, Göttingen.(1985b)

SCHUNKE, E. (1987): Studien zur periglazialen Reliefformung der Zentralen Brooks Range und des Arctic Slope, Nord-Alaska. - Polarforschung, 57, S. 149-171, Münster.

SCHUNKE, E. & H. STINGL (1973): Neue Beobachtungen zum Luft- und Bodenfrostklima Islands. - Geogr. Annaler, 55A, S. 1-23, Stockholm.

SCOTT, K.M. (1978): Effects of permafrost on stream channel behavior in Arctic Alaska. - Geol. Survey Prof. Paper 1068, Washington D.C.

SEMMEL, A. (1976): Aktuelle subnivale Hang- und Talentwicklung im zentralen West-Spitzbergen. - Verh. Dt. Geographentag, 40, S.396-399. Wiesbaden.

SEVRUK, B. (1986): WMO/IAHS Workshop on correction of precipitation. - Zürich.

SHARP, M. & A. DUGMORE (1985): Holocene glacier variations in Eastern Iceland. - Ztschr. f. Gletscherk. u. Glazialgeol., 21, S. 341-349, Innsbruck.

SIGBJARNARSSON, G. (1970): On the recession of Vatnajökull. - Jökull, 20, S.50-61, Reykjavík.

SIGBJARNARSSON, G. (1981): Lambahraunsjöklar í nordanverdum Hofsjökli. - Jökull, 31, S.59-63, Reykjavík.

SLANAR, H. (1933): Klimabeobachtungen aus Zentral-Island. - Meteorol. Ztschr., 50, S.379-383, Braunschweig.

SLAUGHTER, C.W. (1971): Caribou-Poker Creek research watershed: Background and current status. - U.S.Army Cold Regions Research and Engineering Lab.Spec.Rep., 157, Hanover, N.H.

SLAUGHTER, C.W., HILGERT, I.W. & E.H. CULP (1983): Summer streamflow and sediment yield from discontinuous-permafrost headwater catchment. - Proc. 4th Intern. Conf. on Permafrost, Fairbanks 1983, S. 1172-1177, Washington D.C.

SOKOLLEK, V. & H. HAAMANN (1986): Probleme einer Bestimmung der wahren Niederschlagshöhen in kleinen Mittelgebirgseinzugsgebieten. - DVWK, 2, Wissenschaftl. Tagung "Hydrologie und Wasserwirtschaft", S.1-10, Sonnenberg.

SPREEN, W.C. (1941): A determination of the effect of topography upon precipitation. - Trans. Am. Geophys. Union, 28, S. 285-290, Washington D.C.

STÄBLEIN, G. (1983): Zur arktisch-periglazialen Talformung Ost-Grönlands. - In: POSER, H. & E.SCHUNKE (Hg.): Mesoformen des Reliefs im heutigen Periglazialraum. Abh. Akad. Wiss. Göttingen, Math.-Phys. Kl.,3.F., 35, S.281-293, Göttingen.(1983a)

STÄBLEIN,G. (1983 b): Probleme der periglazialen Talbildung und Talasymetrie. Referat einer Diskussion - In: POSER, H. & E.SCHUNKE: Mesoformen des Reliefs im heutigen Periglazialraum. Abh. Akad. Wiss. Gött., Math.-Phys. Kl.,3.F, 35, S.328-333, Göttingen.(1983b)
STENBORG, T. (1965): Problems concerning winter run-off from glaciers. - Geogr.Annaler, 47 A, S.101-184, Stockholm.
STENBORG, T. (1970): Delay of runoff from a glacier basin. - Geogr. Annaler, 52A, S. 1-30, Stockholm.
SUNDBORG, Å. (1956): The river Klarälven: a study of fluvial processes. - Geogr. Annaler, 38, S. 333-343, Stockholm.
SVARNARSSON, H. (1982): Jökulsár í Skagafirdi. Forathugun á virkjunarkostum. - Orkustofnun, Vatnsorkudeild, Reykjavík.
TEDROW, J.C.F. (1977): Soils of the polar landscapes. - (Rutgers Univ. Druck), S.442-447, New Brunswick N.J.
THIESSEN, A.H. (1911): Precipitation averages for large areas. - Monthly Weather Rev., 39, S.1082-1084, Washington D.C.
THOMSEN, H.H. & BRAITHWAITE, R.J. (1987): Use of remote sensing data in modelling run-off from the Greenland ice sheet. - Annals of Glaciology, 9, S.215-217, Cambridge.
THóRARINSSON, S. (1943): Oscillations of the Iceland glaciers in the last 250 years. - Geogr. Annaler, 25, S. 10-12, Stockholm.
THóRARINSSON, S. (1964): On the age of the terminal moraines of Brúarjökull and Hálsajökull. A tephrochronological Study. - Jökull, 14, S.67-75. Reykjavík.
THóRARINSSON, S., EINARSSON T. & G. KJARTANSSON (1959): On the geology and geomorphology of Iceland. - Geogr. Annaler, 41, S. 135-169, Stockholm.
THóRHALLSDóTTIR, T.E. (1983): The ecology of permafrost areas in Central-Iceland and the potential effects of impoundment. - Proc. 4th Intern. Conf. on Permafrost, Fairbanks 1983, S. 1251-1255, Washington D.C.
THóRGRíMSSON, S. (1973): Gnúpverjavirkjun, Geological report. - Orkustofnun, Raforkudeild, Reykjavík.
TóMASSON, H. (1976): The sediment load of Icelandic rivers. - Nordic Hydrol. Conf., S. 1-13, Reykjavík 1976.
TóMASSON, H. & S. THóRGRíMSSON (1972): Nordlingaalda, Geological report. - Orkustofnun, Raforkudeild, Reykjavík.
TRICART, J. (1969): Geomorphology of cold environments. - Paris,London.
TVEDE, A.M. (1983): Influence of glaciers on the variability of long runoff series. - In: TVEDE, A.M. (Hg.): Effect of distribution of snow and ice on streamflow. Proc. 4th Northern Research Basin Symp. Workshop, Ullensvang (Norw.) 1982, Norw. Comm. for Hydrology, S. 179-189, Oslo.
Vedurstofa Islands (Isl. Meteor. Dienst): Vedrattan "Ársyfirlit". - Jahreshefte 1972-1986, Reykjavík.
Vedurstofa Islands (Isl. Meteor. Dienst): Vedrattan "Mánardaryfirlit". - Monatshefte 1972 - 1986, Reykjavík.
VENZKE, J.F. (1982, a): Geoökologische Charakteristik der wüstenhaften Gebiete Islands. - Essener Geogr. Arb., 3, Paderborn.
VENZKE, J.F. (1982, b): Böden wüstenhafter Ökotope in Island unter besonderer Berücksichtigung des Bodenwasserhaushalts. - Ber. d. Forschungsstelle Nedri Ás, 37, Hveragerdi (Isl.).

VIKINGSSON, S. (1978): The deglaciation of southern part of the Skagafjördur District, N.Iceland. - Jökull, 28, S.1 - 15, Reykjavík.
WALKER, H.J. & L. ARNBORG (1966): Permafrost and icewedge effect on riverbank erosion. - Proc. 2nd Intern. Conf. on Permafrost, Lafayette 1963, S.164-171, Washington D.C.
WALKER, H.J. (1975): Intermittent arctic streams and their influence on landforms. - Catena, 2, S. 181-192, Giessen.
WASHBURN, A.L. (1979): Geocryology. - London.
WILHELM, F. (1987): Hydrogeographie. - Braunschweig.
WMO - World Meteorological Organization (1972): Distribution of precipitation in mountainous areas. - Geilo Sympos., WMO, 326, Genf.
WOO, M. (1976): Hydrology of a small Canadian High Arctic basin during the snowmelt period. - Catena, 3, S.155-168, Giessen.
YANG ZHENNIANG, 1982: Basic characteristics of runoff in glacierized areas in China. - Intern. Association of Hydrology, Sc. Publ. 138, S. 295-307, Exeter 1982.

VIII. KARTENVERZEICHNIS

Topographische Karte von Island, Maßstab 1:250000; herausgegeben von Landmaelingar Íslands:
Blatt 5 : Mid-Ísland; Blatt 4: Nordurland. Reykjavík, 1982.

Topographische Karte von Island, Maßstab 1:100000; herausgegeben von Landmaelingar Íslands:
Blatt 54: Goddalir; Blatt 64: Vatnahjallavegur; Blatt 65: Hofsjökull. Reykjavík, 1968-1982

Geologische Karte von Island, Maßstab 1:250000; herausgegeben von Landmaelingar Íslands:
Blatt 5: Mid-Ísland; bearbeitet von G. KJARTANSSON, Reykjavík 1983.
ORKUSTOFNUN (Hg.): Héradsvötn, Vestari og Austari-Jökulsá, Flatamál vatnasvída, Maßstab 1:100000, Reykjavík 1977.

ORKUSTOFNUN (Hg.): Jardgrunnskort: Jökulsár í Skagafirdi, Maßstab 1:50000, Blatt 1-3; bearbeitet von KALDAL, I. & S. VìKIGSSON, Reykjavík 1984.

IX. ANHANG

Abb. 40:
Jökulsá Vestri an der Straßenbrücke bei Goddalir. (Am rechten Flußufer der Pegel vhm 145; im Mittelgrund die Reste der alten Straßenbrücke. Probenahmestelle JV-I. 26.6.1986)

Abb. 41:
Jökulsá Eystri im Austurdalur. (Blick flußaufwärts: Die Brücke führt zum Gehöft Merkigil am östlichen Flußufer, dessen kultivierte Hauswiesen (isl.: "tún") links im Vordergrund erkennbar sind; darüber die Höhen der Nyjabaejarfjall. Ca. 1,5 km flußaufwärts befindet sich der Pegel vhm 144. Probenahmestelle JE-II. 26.6.1986)

Abb. 42:
Jökulsá Vestri im Vesturdalur. (Blick flußaufwärts nach Süden. Deutlich ausgeprägte Flußterrassen. Links im Hintergrund der Mündungsbereich der Hofsá. 30.6.1986)

Abb. 43:
Erosionsbahnen an den Flanken des Vesturdalur. (30.6.1986)

Abb. 44:
Fossá. (Über mehrere Gefällestufen in einer canyonartigen Schlucht fällt die Fossá ins Vesturdalur ab.
30.6.1986)

Abb. 45:
Blick über die wüstenhafte Moränenhochebene des Hofsáfrétt nach Nordosten.
(Die Schneekante im Hintergrund markiert den canyonartigen Einschnitt des Austurdalur. 15.7.1986)

Abb. 46:
Blick von der Station Orravatnsrústir in Richtung Nordnordosten. (Im Vordergrund vegetationsbedeckte Randbereiche des Permafrostgebietes. Links im Mittelgrund die in nordöstliche Richtung verlaufende Raudhólar-Endmoräne (vermutlich Jüngere Dryas-Zeit). Rechts im Hintergrund der Hofsjökull-Gletscher. 24.7.1986)

Abb. 47:
Meteorologische Station am Orravatnsrústir. (Im Hintergrund der ca. 15 km entfernte Hofsjökull. 10.7.1986)

Abb. 48:
Filteranlage aus Metallkörben mit Filterpapiereinlage. (28.6.1986)

Abb. 49:
Kopf des Handschöpfgerätes mit aufgesetzter 6 mm Düse und 1/2-l-Glasflasche. (7.8.1986)

Abb. 50:
Anastomosierender Wasserlauf der Fossá bei hohem Wasserstand. (Probenahmepunkt F-X. Blick nach Osten: Links der Anstieg zum 1020 hohen Palagonitrücken Asbfarnarfell. 23.7.1986)

Abb. 51:
Austurkvisl an der Probenahmestelle JV-XI bei hohem Wasserstand. (Blick flußabwärts nach Norden. 23.7.1986)

Abb. 52:
Periglaziales Sohlental von ca. 3-5 m Tiefe im Flußgebiet der Jökulsá Eystri. (24.7.1986)

Abb. 53:
Jökulsá Eystri bei Austurburgur. (Probenahmestelle JE-VI. Blick nach Süden: Im Hintergrund der Hofsjökull; am linken Bildrand der Miklafell. 21.7.1986)

GÖTTINGER GEOGRAPHISCHE ABHANDLUNGEN

Herausgegeben vom Vorstand des Geographischen Instituts der Universität Göttingen
Schriftleitung: Karl-Heinz Pörtge

Heft 33: **Rohdenburg, Heinrich: Die Muschelkalk-Schichtstufe am Ostrand des Sollings und Bramwaldes.** Eine morphogenetische Untersuchung unter besonderer Berücksichtigung der jungquartären Hangformung. Göttingen 1965. 94 Seiten mit 24 Abbildungen und 4 Karten. Preis 8,50 DM.

Heft 35: **Goedeke, Richard: Die Oberflächenformen des Elm.** Göttingen 1966. 95 Seiten mit 16 Textabbildungen und 6 Beilagen. Preis 9,60 DM.

Heft 39: **Uthoff, Dieter: Der Pendelverkehr im Raum um Hildesheim.** Eine genetische Untersuchung zu seiner Raumwirksamkeit. Göttingen 1967. 250 Seiten mit 21 Abbildungen und 34 Karten. Preis 24,60 DM.

Heft 40: **Höllermann, Peter Wilhelm: Zur Verbreitung rezenter periglazialer Kleinformen in den Pyrenäen und Ostalpen** (mit Ergänzungen aus dem Apennin und dem Französischen Zentralplateau). Göttingen 1967. 198 Seiten mit 41 Abbildungen. Preis 24,– DM.

Heft 41: **Bartels, Gerhard: Geomorphologie des Hildesheimer Waldes.** Göttingen 1967. 138 Seiten mit 18 Textabbildungen und 5 Beilagen. Preis 10,50 DM.

Heft 42: **Krüger, Rainer: Typologie des Waldhufendorfes nach Einzelformen und deren Verbreitungsmustern.** Göttingen 1967. 190 Seiten mit 13 Textabbildungen, 3 Tafeln und 14 Karten. Preis 16,50 DM.

Heft 43: **Schunke, Ekkehard: Die Schichtstufenhänge im Leine-Weser-Bergland in Abhängigkeit vom geologischen Bau und Klima.** Göttingen 1968. 219 Seiten mit 1 Textabbildung und 3 Beilagen. Preis 15,45 DM.

Heft 44: **Garleff, Karsten: Geomorphologische Untersuchungen an geschlossenen Hohlformen („Kaven") des Niedersächsischen Tieflandes.** Göttingen 1968. 142 Seiten mit 13 Textabbildungen und 1 Beilage. Preis 12,50 DM.

Heft 45: **Brosche, Karl-Ulrich: Struktur- und Skulpturformen im nördlichen und nordwestlichen Harzvorland.** Göttingen 1968. 236 Seiten mit 2 Textabbildungen und 10 Beilagen. Preis 16,50 DM.

Heft 46: **Hütteroth, Wolf-Dieter: Ländliche Siedlungen im südlichen Inneranatolien in den letzten vierhundert Jahren.** Göttingen 1968. 233 Seiten mit 91 Textabbildungen und 5 Beilagen. Preis 37,50 DM.

Heft 47: **Vogt, Klaus-Dieter: Uelzen – Seine Stadt-Umland-Beziehungen in historisch-geographischer Betrachtung.** Göttingen 1968. 178 Seiten mit 38 Abbildungen als Beilagen. Preis 12,– DM.

Heft 48: **Kelletat, Dieter: Verbreitung und Vergesellschaftung rezenter Periglazialerscheinungen im Apennin.** Göttingen 1969. 114 Seiten mit 36 Abbildungen und 4 Beilagen. Preis 14,– DM.

Heft 49: **Stingl, Helmut: Ein periglazial-morphologisches Nord-Süd-Profil durch die Ostalpen.** Göttingen 1969. 120 Seiten mit 36 Abbildungen und 4 Beilagen. Preis 15,– DM.

Heft 50: **Hagedorn, Jürgen: Beiträge zur Quartärmorphologie griechischer Hochgebirge.** Göttingen 1969. 135 Seiten mit 44 Abbildungen. Preis 16,50 DM.

Heft 51: **Garleff, Karsten: Verbreitung und Vergesellschaftung rezenter Periglazialerscheinungen in Skandinavien.** 60 Seiten und 20 Abbildungen.

Kelletat, Dieter: Rezente Periglazialerscheinungen im schottischen Hochland. 74 Seiten, 25 Abbildungen und 2 Karten. Göttingen 1970. Preis 13,50 DM.

Heft 52: **Uthoff, Dieter: Der Fremdenverkehr im Solling und seinen Randgebieten.** Göttingen 1970. 182 Seiten mit 35 Abbildungen. Preis 19,80 DM.

Heft 53: **Marten, Horst-Rüdiger: Die Entwicklung der Kulturlandschaft im alten Amt Aerzen des Landkreises Hameln-Pyrmont.** Göttingen 1969. 205 Seiten mit 23 Figuren und 22 Abbildungen im Text und 53 Beilagen. Preis 27,– DM.

Heft 54: **Denecke, Dietrich: Methodische Untersuchungen zur historisch-geographischen Wegeforschung im Raum zwischen Solling und Harz.** Ein Beitrag zur Rekonstruktion der mittelalterlichen Kulturlandschaft. Göttingen 1969. 424 Seiten mit 60 Abbildungen und 1 Beilage. Preis 27,– DM.

Heft 55: **Fliedner, Dietrich: Die Kulturlandschaft der Hamme-Wümme-Niederung.** Gestalt und Entwicklung des Siedlungsraumes nördlich von Bremen. Göttingen 1970. 208 Seiten mit 29 Abbildungen. Preis 36,– DM.

Heft 56: **Karrasch, Heinz: Das Phänomen der klimabedingten Reliefsymmetrie in Mitteleuropa.** Göttingen 1970. 300 Seiten mit 82 Abbildungen und 7 Beilagen. Preis 32,– DM.

Heft 57: **Josuweit, Werner: Die Betriebsgröße als agrarräumlicher Steuerungsfaktor im heutigen Kulturlandschaftsgefüge.** Analyse dreier Gemarkungen im Mittleren Leinetal. Göttingen 1971. 241 Seiten mit 14 Abbildungen und 5 Beilagen. Preis 30,– DM.

Heft 58: **Brandt, Klaus: Historisch-geographische Studien zur Orts- und Flurgenese in den Dammer Bergen.** Göttingen 1971. 291 Seiten mit 7 Abbildungen und 8 Beilagen. Preis 28,80 DM.

Heft 59: **Amthauer, Helmut: Untersuchungen zur Talgeschichte der Oberweser.** Göttingen 1972. 99 Seiten mit 16 Abbildungen und 3 Beilagen. Preis 22,50 DM.

Heft 60: **Hans-Poser-Festschrift:** Herausgegeben von Jürgen Hövermann und Gerhard Oberbeck. Göttingen 1972. 576 Seiten mit 210 Abbildungen. Preis 37,50 DM.

Heft 61: **Pyritz, Ewald: Binnendünen und Flugsandebenen im Niedersächsischen Tiefland.** Göttingen 1972. 170 Seiten mit 27 Abbildungen und 3 Beilagen. Preis 24,– DM.

Heft 62: **Spönemann, Jürgen: Studien zur Morphogenese und rezenten Morphodynamik im mittleren Ostafrika.** Göttingen 1974. 98 Seiten mit 42 Abbildungen und 7 Beilagen. Preis 25,– DM.

Heft 63: **Scholz, Fred: Belutschistan (Pakistan). Eine sozialgeographische Studie des Wandels in einem Nomadenland seit Beginn der Kolonialzeit.** Göttingen 1974. 322 Seiten mit 81 Abbildungen und 3 Beilagen. Preis 60,– DM.

Heft 64: **Stein, Christoph: Studien zur quartären Talbildung in Kalk- und Sandgesteinen des Leine-Weser-Berglandes.** Göttingen 1975. 136 Seiten mit 61 Abbildungen und 3 Beilagen. Preis 18,– DM.

GÖTTINGER GEOGRAPHISCHE ABHANDLUNGEN

Herausgegeben vom Vorstand des Geographischen Instituts der Universität Göttingen
Schriftleitung: Karl-Heinz Pörtge

Heft 65: **Tribian, Henning: Das Salzgittergebiet.** Eine Untersuchung der Entfaltung funktionaler Beziehungen und sozioökonomischer Stukturen im Gefolge von Industrialisierung und Stadtentwicklung. Göttingen 1976. 296 Seiten mit 45 Abbildungen. Preis 33,– DM.

Heft 66: **Nitz, Hans-Jürgen (Hrsg.): Landerschließung und Kulturlandschaftswandel an den Siedlungsgrenzen der Erde.** Symposium anläßlich des 75. Geburtstages von Prof. Dr. Willi Czajka. Göttingen 1976. 292 Seiten mit 76 Abbildungen und Karten. Preis 32,– DM.

Heft 67: **Kuhle, Matthias: Beiträge zur Quartärmorphologie SE-Iranischer Hochgebirge.** Die quartäre Vergletscherung des Kuh-i-Jupar. Göttingen 1976. Textband 209 Seiten. Bildband mit 164 Abbildungen und Panorama. Preis 78,– DM.

Heft 68: **Garleff, Karsten: Höhenstufen der argentinischen Anden in Cujo, Patagonien und Feuerland.** Göttingen 1977. 152 Seiten, 34 Abbildungen, 6 Steckkarten. Preis 36,– DM.

Heft 69: **Gömann, Gerhard: Art und Umfang der Urbanisation im Raume Kassel.** Grundlagen, Werdegang und gegenwärtige Funktion der Stadt Kassel und ihre Bedeutung für das Umland. Göttingen 1978. 250 Seiten mit 22 Abbildungen und 2 Beilagen. Preis 48,– DM.

Heft 70: **Schröder, Eckart: Geomorphologische Untersuchungen im Hümmling.** Göttingen 1977. 120 Seiten mit 18 Abbildungen, 3 Tabellen und 7 zum Teil mehrfarbigen Karten. Preis 34,– DM.

Heft 71: **Sohlbach, Klaus D.: Computerunterstützte geomorphologische Analyse von Talformen.** Göttingen 1978. 210 Seiten, 37 Abbildungen und 13 Tabellen. Preis 51,30 DM.

Heft 72: **Brunotte, Ernst: Zur quartären Formung von Schichtkämmen und Fußflächen im Bereich des Markoldendorfer Beckens und seiner Umrahmung (Leine-Weser-Bergland).** Göttingen 1978. 142 Seiten mit 51 Abbildungen, 6 Tabellen und 4 Beilagen. Preis 37,50 DM.

Heft 73: **Liss, Carl-Christoph: Die Besiedlung und Landnutzung Ostpatagoniens unter besonderer Berücksichtigung der Schafestancien.** Göttingen 1979. 280 Seiten mit 60 Abbildungen und 5 Beilagen. Preis 48,50 DM.

Heft 74: **Heller, Wilfried: Regionale Disparitäten und Urbanisierung in Griechenland und Rumänien.** Aspekte eines Vergleichs ihrer Formen und Entwicklung in zwei Ländern unterschiedlicher Gesellschafts- und Wirtschaftsordnung seit dem Ende des Zweiten Weltkrieges. Göttingen 1979. 315 Seiten mit 59 Tabellen, 98 Abbildungen und 4 Beilagen. Preis 68,– DM.

Heft 75: **Meyer, Gerd-Uwe: Die Dynamik der Agrarformationen – dargestellt an ausgewählten Beispielen des östlichen Hügellandes, der Geest und der Marsch Schleswig-Holsteins.** Von 1950 bis zur Gegenwart. Göttingen 1980. 231 Seiten mit 26 Abbildungen, 18 Tabellen und 7 Beilagen. Preis 52,50 DM.

Heft 76: **Spering, Fritz: Agrarlandschaft und Agrarformation im deutsch-niederländischen Grenzgebiet des Emslandes und der Provinzen Drenthe/Overijssel.** Göttingen 1981. 304 Seiten mit 62 Abbildungen und 8 Kartenbeilagen. Preis 56,– DM.

Heft 77: **Lehmeier, Friedmut: Regionale Geomorphologie des nördlichen Ith-Hils-Berglandes auf der Basis einer großmaßstäbigen geomorphologischen Kartierung.** Göttingen 1981. 137 Seiten mit 38 Abbildungen, 9 Tabellen und 5 Beilagen. Preis 54,– DM.

Heft 78: **Richter, Klaus: Zum Wasserhaushalt im Einzugsgebiet der Jökulsá á Fjöllum, Zentral-Island.** Göttingen 1981. 101 Seiten mit 23 Tabellen und 37 Abbildungen. Preis 22,– DM.

Heft 79: **Hillebrecht, Marie-Luise: Die Relikte der Holzkohlewirtschaft als Indikatoren für Waldnutzung und Waldentwicklung.** Göttingen 1982. 158 Seiten mit 37 Tabellen, 34 Abbildungen und 9 Karten. Preis 47,50 DM.

Heft 80: **Wassermann, Ekkehard: Aufstrecksiedlungen in Ostfriesland.** Göttingen 1985. 172 Seiten und 12 Abbildungen. Preis 48,– DM.

Heft 81: **Kuhle, Matthias: Internationales Symposium über Tibet und Hochasien vom 8.–11. Oktober 1985 im Geographischen Institut der Universität Göttingen.** Göttingen 1986. 248 Seiten, 66 Abbildungen, 65 Figuren und 10 Tabellen. Preis 34,– DM.

Heft 82: **Brunotte, Ernst: Zur Landschaftsgenese des Piedmont an Beispielen von Bolsonen der Mendociner Kordilleren (Argentinien).** Göttingen 1986. 131 Seiten mit 50 Abbildungen, 3 Tabellen und 5 Beilagen. Preis 41,– DM.

Heft 83: **Hoyer, Karin: Der Gestaltwandel ländlicher Siedlungen unter dem Einfluß der Urbanisierung – eine Untersuchung im Umland von Hannover.** Göttingen 1987. 288 Seiten mit 57 Abbildungen, 20 Tabellen und 13 Beilagen. Preis 34,– DM.

Heft 84: **Aktuelle Geomorphologische Feldforschung.** Vorträge anläßlich der 13. Jahrestagung des Deutschen Arbeitskreises für Geomorphologie vom 6.–10. Oktober 1986 im Geographischen Institut der Universität Göttingen. Herausgegeben von Jürgen Hagedorn und Karl-Heinz Pörtge. Göttingen 1987. 128 Seiten mit 50 Abbildungen und 15 Tabellen. Preis 25,– DM.

Heft 85: **Kiel, Almut: Untersuchungen zum Abflußverhalten und fluvialen Feststofftransport der Jökulsá Vestri und Jökulsá Eystri, Zentral-Island. Ein Beitrag zur Hydrologie des Periglazialraumes.** Göttingen 1989. 130 Seiten mit 53 Abildungen und 20 Tabellen. Preis 24,– DM.

Das vollständige Veröffentlichungsverzeichnis der GAA kann beim Verlag angefordert werden.

Alle Preise zuzüglich Versandspesen. Bestellungen an:

Verlag Erich Goltze GmbH & Co. KG., Göttingen